CMP BOOKS
机工IT

你的
智能创作
用 AI 助手

快速生成
高质量图片、
音乐、视频

AI知学社◎组编　王早　崔康◎编著

机械工业出版社
CHINA MACHINE PRESS

本书是一本实用的 AI 辅助生成内容的操作指南，系统全面地介绍了如何选用各类 AI 工具高效完成多媒体创作。全书共 7 章：AI 创作时代已来、拥有你的智能创作助手——AI 工具的选择、掌握与 AI 创作助手沟通的技巧——提示词、使用 AI 工具快速生成图片、使用 AI 工具轻松创作音乐、使用 AI 工具生成高质量视频、使用 AI 工具高效剪辑视频。其中第 2~7 章是本书的核心内容，深入浅出地展示了 AI 提示词技巧与应用，以及 AI 工具的强大功能，并结合实际案例，提供了大量实用的技巧和方法，帮助读者轻松应对多媒体创作中的各种挑战。

无论是希望提升个人创作能力的职场新人、寻求效率与创新的专业人士、媒体工作从业人员，还是相关培训机构，本书都将成为您的得力助手。通过本书，您不仅能够掌握当前流行的 AI 工具，还将获得应对未来技术发展的思维方式和操作技巧，真正将 AI 融入日常工作和创作之中。

本书配有全套素材文件、案例文件、学习辅导视频，读者可通过扫描关注机械工业出版社计算机分社官方微信公众号——IT 有得聊，回复本书 5 位书号 76949 获取。

图书在版编目（CIP）数据

你的智能创作助手：用 AI 快速生成高质量图片、音乐、视频 / AI 知学社组编；王早，崔康编著 . -- 北京：机械工业出版社，2024. 12（2025. 3 重印）. -- ISBN 978 -7-111-76949-1

Ⅰ. TP18；TP311. 561

中国国家版本馆 CIP 数据核字第 2024KQ2568 号

机械工业出版社（北京市百万庄大街 22 号　邮政编码 100037）
策划编辑：王　斌　　　　　责任编辑：王　斌　郝建伟　解　芳
责任校对：陈　越　牟丽英　　责任印制：邓　博
北京盛通数码印刷有限公司印刷
2025 年 3 月第 1 版第 4 次印刷
165mm×225mm · 13. 5 印张 · 189 千字
标准书号：ISBN 978-7-111-76949-1
定价：69. 00 元

电话服务　　　　　　　　　网络服务
客服电话：010-88361066　机 工 官 网：www. cmpbook. com
　　　　　010-88379833　机 工 官 博：weibo. com/cmp1952
　　　　　010-68326294　金 书 网：www. golden-book. com
封底无防伪标均为盗版　机工教育服务网：www. cmpedu. com

前言

关于本书

　　本书是一本实用的 AI 辅助生成内容的操作指南，系统全面地介绍了如何选用各类 AI 工具高效完成多媒体创作。

　　在 AI 技术日新月异的今天，创意和效率已经成为竞争的关键。本书以零基础为切入点，详细介绍了如何利用 AI 工具进行多媒体创作，涵盖图片生成、音乐创作、视频生成与剪辑等多个领域。本书涵盖了从选择合适的 AI 工具、编写有效的提示词，到实际操作与案例分析的完整流程；深入浅出地展示了 AI 工具的强大功能，并提供了实用技巧和方法，以帮助读者快速上手，并将 AI 融入日常工作和创作中。

内容导读

　　第 1 章介绍了 AI 创作的基本概念，涵盖了 AI 生成图片、音乐、视频及辅助视频制作四大应用场景。此外，本章还探讨了职场人士在 AI 时代应具备的创作技能，包括提示词技巧、AI 创作工具、创意思维和艺术审美鉴赏。

　　第 2 章介绍了多种成熟且易于获取的国产 AI 创作工具，涉及图片生成、音乐创作、视频生成与剪辑等主要领域。本章对每种工具的特点与功能都进行了详细解析，并提供了实际操作的基础指南，以帮助读者快速上手并熟练掌握这些工具。

　　第 3 章聚焦于如何构建有效的提示词，包括万能提示词公式、各类目提示词编写、提示词优化方法及不同场景中的应用技巧。本章将帮助读者掌握与 AI 创作助手高效沟通的技巧，激发 AI 的创造力，从而提升创作质量。

　　第 4 章介绍了如何使用 AI 工具快速生成图片，通过一个完整的国风文创设计案例，详细介绍了如何使用 AI 工具生成实际应用的高质量图片。内容包括从主题构思、插画设计到图片生成及最终文创产品的应用全过程。本章将提供实用的方法和详尽的步骤，以帮助读者高效完成创作，掌握图片细节优化和应用展示技巧。

　　第 5 章介绍了如何使用 AI 工具轻松创作音乐，通过一个完整的播客节目配乐案例，展示了如何使用 AI 工具进行音乐创作。本章涵盖了从主题与风格设计、歌名撰写与优化，到 AI 音乐创作工具的使用，以及音乐细节的优化与内容调整。读者将学习如何编写系列歌曲的提示词，利用不同的 AI 音乐工具生成高质量的音乐，并提升作品的表现力。

　　第 6 章介绍了如何使用 AI 工具生成高质量视频，通过一个完整的案例展示，介绍了如何利用 AI 工具快速生成高质量的视频作品。从故事创作、分镜头脚本编写到视频生成的各个环节，帮助读者掌握 AI 在视频创作中的强大功能，学习如何撰写绘本故事和分镜头脚本并生成儿童故事绘本视频，为未来创作提供更多灵感和便利。

　　第 7 章介绍了如何使用具备 AI 功能的视频制作工具来快速剪辑视频，如何高效地编辑和优化视频。从录制人声讲解到自动匹配字幕、添加背景音乐，再到导出最终的视频作品。帮助读者在短时间内完成高质量的视频剪辑，充分利用 AI 的强大功能，高效完成视频的剪辑与制作。

本书受众

　　在当今多媒体创作日益成为职场必备技能的时代，掌握 AI 工具不仅可以提升创作效率，更能开拓创作的全新可能性。本书旨在为那些希望通过 AI 工具提升个人创作能力和工作效率，为那些没有绘画、音乐和视频剪辑制作基础，但希望利用 AI 工具创作多媒体内容的职场人士提供指导。它特别适合希望通过 AI 提升创作效率的专业人士、媒体工作从业人员，以及那些希望进一步提升 AI 相关技能的个人和机构。此外，本书也非常适合作为相关培训机构的教学参考，帮助培训师在教学过程中引导学员掌握 AI 工具的实际应用。无论您是想要提升个人创作能力，还是寻求提高团队工作效率，本书都将为您提供实用的技巧和方法，助力您的 AI 创作之旅。

本书配有教学指导视频，读者可通过扫描关注机械工业分社官方微信公众号——IT 有得聊，回复 5 位书号获取。

致谢

感谢在这一过程中给予我支持和帮助的所有人。首先，特别感谢 AI 知学社与 AI 知学社创始人崔康老师对本书的鼎力支持，崔康老师对书籍内容的深入见解与建议极大地丰富了本书的内容，并提升了其实用价值，对本书的内容和方向有着深远的影响。

我要感谢机械工业出版社的策划编辑在整个书籍创作过程中提供的专业建议与指导，他们对每个细节的关注和耐心的修改，让书籍的质量得到了保障。

还要感谢我的家人和朋友，你们的鼓励和理解是我坚持下去的重要动力。我要感谢所有提供指导的专家和同仁，您的宝贵意见极大地丰富了书籍的内容，让它更加完善。

本书的完成离不开你们的帮助，我衷心地感谢每一位为书籍出版付出过心力的人。

希望读者能够从本书中获得实用的知识和启发，将所学的内容应用于实践中，为自己的创作和工作带来新的突破。

由于编者水平有限，书中错漏之处在所难免，恳请广大读者批评指正。

展望未来，我希望能够继续探索更多与 AI 相关的领域，不断提升自身的研究与写作能力。感谢你们的阅读与支持，让我们共同期待未来的更多可能性。

王　早

2024 年 9 月

目录

03

第 3 章

掌握与 AI 创作助手沟通的技巧——提示词

04
第 4 章

使用 AI 工具快速生成图片

第 1 章

AI 创作时代已来

从用颜料和画笔在纸上写字作画，到使用绘画软件在计算机上创作；从一笔一画绘制草图、勾线、上色、最终定稿，到如今只需输入一句文案即可生成完整的绘画作品，我们的创作方式正在经历着前所未有的变革。

在 AI 时代，AI（人工智能）不仅改变了我们的创作方式，还彻底颠覆了我们的创作思维。无论是流程和方法，还是速度和创意，AI 都在多个维度上重塑了创作的定义。随着 AI 技术的迅猛发展，创作已经不再是艺术家的专利，每个人都拥有了成为创作者的可能。

本章介绍了 AI 创作的一些基本概念，涵盖了 AI 生成图片、音乐、视频及辅助视频制作四大场景。同时介绍了职场人士在 AI 时代应具备的 AI 创作技能，包括提示词技巧、AI 创作工具、创意思维和艺术审美鉴赏。接下来，就让我们一起揭开 AI 创作的神秘面纱，开启创意无限的旅程。

1.1 什么是 AI 创作

1.1.1 AI 在创作上的能力

AI 创作是指利用人工智能技术生成或辅助创作各种形式的作品，包括写作、绘画、音乐、视频等。AI 创作可以通过数据学习、风格迁移、辅助创作、生成模型和交互式创作等多种方式实现。

AI 系统通过分析大量训练数据，学习其风格，掌握其结构和元素，从而建模创作中的模式和规律。利用深度学习等先进技术，如生成对抗网络（GAN）、变分自编码器（VAE）和扩散模型（Diffusion Models）等，AI 能够生成新的作品，这些作品既可以模仿已有的风格，也可以创造全新的风格。

风格迁移技术使得 AI 能够将一个作品的风格应用到另一个作品上，例如将梵高的绘画风格应用到一张照片上，从而创造出独特的视觉效果。

在辅助创作方面，AI 可以提供创意建议、自动完成草图或帮助编辑和改进作品，大大提高了创作效率，提升了作品质量。

在内容生成和优化方面，AI 可以根据输入的主题或指定的风格自动生成文章、故事情节或技术文档；利用深度学习技术，AI 能够生成新的音乐作品，包括旋律、和声与节奏的创作，这些作品可以模仿特定风格或创造全新的音乐风格；AI 可以自动合成和剪辑视频内容，包括图像处理、场景转换、生成字幕和音频播报等，从而生成新的视频作品或优化现有视频。

此外，交互式创作让用户能够与 AI 进行互动，通过提供指令或反馈，共同创作作品，从而实现更高的创作自由度和灵活性。AI 创作不仅拓展了内容创作的边界，也为创作者提供了前所未有的工具和灵感来源，无论是在艺术、设计还是媒体等领域。

1.1.2　传统创作的痛点

在绘画、音乐和视频创作方面，无论是对于专业人士还是非专业人士都存在很多痛点和难点。

在绘画创作上，传统的绘画需要大量的时间和精力，从构思、草图到最终完成，每一步都需要细致入微的工作。复杂的作品可能需要数周甚至数月才能完成；绘画创作有很高的技术门槛，需要长期的技能积累，包括素描、色彩理论、构图等。对于初学者或非专业人士来说，掌握这些技能是一个巨大的挑战。长期从事绘画创作的艺术家和设计行业从业者经常会遇到创意和灵感枯竭的问题，难以持续产生新颖的创意和作品。高质量的绘画工具和材料成本不菲，包括画布、颜料、画笔等。如果是用计算机进行绘画的创作者，对显示器和计算机配置会有更高的要求，可能还需要配备手绘板以及各类绘画软件等，长期从事创作也会有不小的经济投入。

在音乐创作上，创作一首完整的音乐作品需要大量的时间，包括作曲、编曲、录音和后期制作等多个步骤，尤其是对复杂乐曲的创作更是如此；音乐创作需要扎实的音乐理论基础，如和声、旋律、节奏等，这对许多非专业音乐人来说是一个难以逾越的障碍；专业的音乐创作往往需要昂贵的设备和软件，如录音设备、MIDI 键盘、高级音频处理软件等，这些都需要不小的开支。

在视频创作与制作上，视频创作是一个复杂的过程，包括脚本编写、拍摄、剪辑、特效和后期处理等，需要耗费大量的时间和精力；视频创作需要掌握多种专业技能，如摄像、剪辑、视觉特效、3D 建模等，这些技能需要长期的学习和实践；视频创作需要专业的设备和软件，如高清摄像机、剪辑软件、特效制作软件等，视频的包装制作可能还需要专业配音演员等。这些都需要大量的人力、物力和财力，让普通人对视频创作望而却步。

1.2　AI 创作的四大场景

1.2.1　AI 生成图片

AI 生成图片，是在 AI 创作中最常见的创作方式，使用方式有"文案生成图片"和"图片生成图片"这两种形式。AI 生成图片多用在艺术创作、设计、社交媒体等领域，例如，让 AI 生成国风水彩插画、电影海报、产品展示图、人物照片等。如图 1-1 和图 1-2 所示，分别是用 AI 生成的国风插画与油画图片。

图 1-1　用 AI 生成的国风插画

1. 文案生成图片

文案生成图片（文生图）是指通过文字描述你心中的画面（也就是我们常说的"撰写提示词"），让 AI 在短短的几秒钟内把你要的图片绘制出来。例如，你写了一段提示词"夕阳下宁静的湖面"发给 AI，AI 就会帮你生成一幅风景画。如果生成的效果，你觉得不满意，可以通过细化或者优化提示词以及调整画幅等，让 AI 重新生成你想要的图片。

图 1-2　用 AI 生成的油画图片

2. 图片生成图片

图片生成图片（图生图）是指先上传"参考图"，然后在其基础上补充撰写提示词，让 AI 学习和模仿上传图片的主题、景深、人物长相或姿态等，生成相似图片或者在参考图的基础上进行"二次绘画"。

此类方法还可以用于大量制作相似或同类型风格图片等方面。不过，图片生成图片的功能存在很大的不稳定性，可能需要多次的尝试和调整。因此，就需要使用者能熟练掌握不同工具的特性与使用技巧，才能更高效地创作出满意的作品。

1.2.2 AI 生成音乐

通过文字来描述一种情绪、感受体验，或者一个故事、场景，还可以通过一系列关键词组合（也就是我们常说的"撰写提示词"），让 AI 创作出一首符合你描述的音乐。例如，你写了一段提示词"秋天的夜晚，悠闲地走在路上"发给 AI，AI 就会帮你生成一首秋天感受的音乐。如果生成的效果，你觉得不满意，可以通过细化或者优化提示词以及调整音乐风格、旋律节奏等，让 AI 重新生成你想要的音乐。

AI 生成音乐多用在艺术创作和自媒体等领域，例如，用 AI 做一部音乐专辑、视频短片配乐、播客节目背景音乐等。随书的配套资源中附有多个 AI 创作的歌曲，可扫码试听（二维码：AI 创作的音乐）。

目前国内的 AI 音乐工具常见的功能有：一键生成音乐、关键词生成音乐、AI 作曲、AI 作词等。不同工具的功能和创作方式会有轻微的差别，具体的工具使用方法将会在本书的第 5 章详细讲解。虽然不同工具的使用方法不一样，但是任何 AI 音乐工具的操作原理都是相通的，都是通过提示词，告诉 AI 你的需求，然后创作出你想要的音乐。

AI 创作的音乐

1.2.3 AI 生成视频

AI 生成视频，是目前 AI 大模型技术中比较难的技术领域。使用方式有"文案生成视频"和"图片生成视频"这两种形式。AI 生成视频多用在艺术创作、广告短片、社交媒体等领域，例如，让 AI 生成童话故事、动漫、城市风景等。随书的配套资源中附有多个 AI 创作的视频，可扫码观看（二维码：AI 创作的视频）。

由于 AI 生成视频的技术较为复杂，受到目前技术的限制，目前市面上大多数 AI 视频工具只能生成 4 秒左右的视频，最多也只能扩展至 10 秒左右，因此，在很多场景的应用方面会有一定的局限性。

AI 创作的视频

1. 文案生成视频

文案生成视频（文生视频）的原理类似于前面讲到的文案生成图片，都是通过文字描述心中的画面，让 AI 把你想要的内容做成视频。例如，你写了一段提示词"海边散步的女孩"发给 AI，AI 就会生成一段几秒钟的女孩在海边散步的视频。如果生成的效果，你觉得不满意，可以通过细化或者优化提示词、调整运镜控制等，让 AI 重新生成你想要的视频。

2. 图片生成视频

图片生成视频（图生视频）的原理类似于前面讲到的图片生成图片，不同的是，图片生成视频不是作为"参考图"来做相似风格的，而是让图片"动"起来。通过上传图片，结合图片来描述你想生成的画面和动作，从而生成最终的视频效果。例如，你上传了一张蓝天白云的图片，提示词为"天空中飘动的白云"，最终生成一条白云在蓝天上飘动的视频。与图片生成图片一样，图片生成视频也具有一定的不稳定性，如主体一致性、运动准确性等。因此，就需要使用者熟悉各类工具的特性和用法，才能创作出更好的视频效果。

1.2.4　AI 辅助视频制作

AI 辅助视频制作，是指在视频剪辑和制作过程中，运用多种类型的 AI 工具或者运用剪辑工具的 AI 辅助功能，来帮助我们更高效地进行视频剪辑与制作。

AI 辅助视频制作包括：自动撰写口播文案、自动优化视频文案、自动提取视频中的文稿、自动生成字幕、AI 语音朗读、声音克隆、数字人播报、AI 智能剪口播等。

AI 辅助视频制作多用在科普教学、个人学习和自媒体等领域，例如，用 AI 克隆自己的声音，做旅游 Vlog 短片的配音；用 AI 数字人做一个童话故事视频等。随书的配套资源中附有多个 AI 辅助制作的视频，可扫码观看（二维码：AI 辅助制作的视频）。

不同工具的功能和使用方法会有轻微的差别，具体的每种工具的使用方法将会在本书的第 6 章和第 7 章详细讲解。每个工具都有适合的场景，读者可以在学习完本书后，结合自己使用场景和视频类型，选择适合自己的工具和功能。

AI 辅助制作的视频

1.3　职场人士应该具备的 AI 创作技能

1.3.1　熟练掌握提示词技巧

在 AI 创作中，提示词是与 AI 进行交流的基础，能够引导 AI 理解创作者的意图并转化为具体的作品。掌握提示词技巧，对于职场人士来说，是进入 AI 创作领域的第一步。

提示词的重要性体现在它们能够决定作品的质量和方向。一个精准的提示词可以确保 AI 创作出的作品与创作者的预期相符，从而提高创作的效率和质量。

在职场中，掌握提示词技巧意味着能够更有效地利用 AI 进行创作。无论是设计师、作家还是内容创作者，都能够通过精准的提示词快速获得灵感，加速创作流程，从而在竞争激烈的职场中脱颖而出。在后续章节中，我们将详细探讨提示词的设计原则，如具体明确、层次分明等，并提供实际的提示词示例，帮助读者更好地掌握这项技能。

提示词技巧的学习是一个不断探索和实践的过程。职场人士应该勇于尝试不同的提示词，从实践中学习，不断优化自己的创作方法，以适应不断进步的 AI 技术。例如，一个有效的提示词可以是"一只白色长毛猫，坐在阳台上的花盆旁边，俯视角度，温暖的秋日阳光，写实照片风格，高清晰度图像"。

1.3.2　熟练应用 AI 创作工具

　　熟练应用 AI 创作工具，能够让职场人士在创作过程中游刃有余，无论是文字、图像、音乐还是视频，都能使用合适的工具得以高效生成。

　　AI 创作工具的种类繁多，每一款工具都有其独特的优势。职场人士应该根据自己的创作需求和偏好，选择最适合自己的工具，这不仅能提高工作效率，还能在创作中发挥最大的创意潜能。

　　熟练掌握 AI 创作工具的使用，意味着能够快速适应新的创作环境和技术变革。在职场中，这种适应能力是保持竞争力的关键。通过不断的学习和实践，职场人士可以不断提升自己的技术熟练度，更可以把握创作先机。例如，音乐生成工具可以通过选择合适的音调、节奏、曲风、情调等，创作出符合不同场景需求的音乐作品，展示出对多样化需求的灵活应对能力。

　　AI 创作工具的熟练应用，还体现在能够高效地解决创作过程中遇到的问题。无论是图像编辑、音乐合成还是视频剪辑，熟练的工具使用者总能找到最佳的解决方案，确保创作流程的顺畅。例如，在视频剪辑工具中，利用智能剪口播、智能字幕等功能可以大大简化复杂的剪辑工作，提高视频制作效率。

1.3.3　具备创意思维

　　在 AI 创作的领域中，具备创意思维是职场人士不可或缺的核心能力。它超越了简单的技巧应用，是一种能够激发新想法和视角的思维模式。

　　创意思维的培养需要保持好奇心和开放性，以及对未知领域的持续探索。在 AI 技术的支持下，我们可以大胆尝试新的创作方法，摆脱传统思维模式的束缚，从而发现并探索更多创新的可能性。

　　活学活用创意思维不仅是运用已有的技巧，更要灵活地将其应用于不同的创作场景。这种能力使职场人士能够根据项目需求迅速调整策略，创作出贴合目标受众的作品。

创意思维的进步还表现在对现有知识的深入理解和再创造上。职场人士应该不断地学习新的知识和技能，并将其与个人创意相结合，形成特有的创作风格。

1.3.4　具备艺术审美鉴赏能力

在 AI 创作中，工具的熟练使用和提示词技巧固然重要，艺术审美鉴赏能力同样不可或缺。正如设计师不能只会使用工具，他们还需要拥有辨别和创造美的能力。审美鉴赏能力是职场人士在创作过程中不可或缺的内在素养。

审美鉴赏能力让职场人士能够识别和创造美的作品。它不仅涉及对色彩、形状和构图等视觉元素的敏感度，还包括对作品情感表达和文化内涵的深刻理解。这种能力是评价和提升创作质量的关键。

艺术审美鉴赏能力的提升，需要职场人士不断地学习和借鉴。通过研究经典作品、了解艺术流派和历史，以及观察和分析当代优秀创作，职场人士可以培养出更加敏锐和成熟的审美眼光。这种转变就像从手写办公到计算机办公的变革一样，现在我们进入了 AI 辅助创作的时代，审美鉴赏能力使我们能够在这个新的创作环境中游刃有余。

第 2 章

拥有你的智能创作助手
——AI 工具的选择

工欲善其事，必先利其器。本章将深入介绍多种较为成熟、易于获取的国产 AI 创作工具，涉及图片生成、音乐创作、视频生成与制作等主要 AI 创作领域。本章将介绍每种工具的特点、功能及基础操作，帮助读者快速上手，开启智能创作之旅。

2.1　图片生成工具

2.1.1　抖音即梦 AI

即梦 AI（原 Dreamina）是抖音出品的一站式 AI 创作平台，功能包含 AI 作图和 AI 视频两个大类。用户可以通过输入简短的文案来创作出精彩的图片和视频。

即梦 AI 支持"文生图""图生图""智能画布""文生视频""图生视频"和"故事创作"等功能。其中，AI 作图还支持"超高清""细节重绘""局部重绘""扩图""消除笔"等拓展功能。

目前，即梦 AI 对所有用户免费开放，进入即梦 AI 官网（网址：https://ji-meng. jianying. com），用手机号或者抖音账号即可注册和登录。用户每天将获得 80 个积分，文案生成图片消耗 1 个积分，图片生成图片消耗 2 个积分。

图 2-1 所示为即梦 AI 的主界面，上方是两个主要的板块"AI 作图"与"AI 视频"。下方的探索广场可以看到各类创作者分享的优秀作品。本节将讲解即梦 AI 的 AI 生成图片的一系列功能，AI 生成视频这部分内容将在"2. 3 视频生成与制作工具"中介绍。

图 2-1 即梦 AI 主界面

1. 文案生成图片

点击图 2-1 中 AI 作图板块的"图片生成"按钮，进入实现 AI 作图功能的"图片生成"界面，左边为调整界面，右边为图片生成界面，如图 2-2 所示。

在左边的调整界面内的文本框中输入提示词，点击"立即生成"按钮，即可快速生成图片。如果想更精准地控制画面效果，还可以在下方参数选项中调整"生图模型""精细度""图片比例"和"图片尺寸"，如图 2-3 所示。

图 2-2　AI 作图操作界面

图 2-3　文生图参数设置

其中，生图模型共有 6 类模型可供选择，如图 2-4 所示。可以根据生图的类型来选择适合的模型。

图 2-4　生图模型

点击"立即生成"按钮后，会生成四张图片，如图 2-5 所示。如果对四张图片都不满意，可以点击"再次生成"按钮，或者点击"重新编辑"按钮重新修改提示词。如果喜欢其中的一张图片，要在这张图片的基础上进行调整，可以点击图片下方的"超高清""细节重绘""局部重绘""扩图"等按钮，进一步调整图片。

2. 图片生成图片

上传参考图片，可以让 AI 模仿该图片的主体、人物长相、边缘轮廓、景深和人物姿势，从而达到"改图"的效果。例如，可以利用该功能定制个人写真，还可以上传线稿让 AI 给线稿上色。

在提示词输入窗口中点击"导入参考"按钮上传参考图，然后选择你需要参考的内容和生图比例，如图 2-6 所示。注意，上传的参考图片的边长不能超过7000px（像素）。

图 2-5　图片优化

图 2-6　选择参考内容与生图比例

点击"保存"按钮后，按照文案生成图片的方式，撰写提示词和其他图片参数，即可生成新的图片，如图 2-7 所示。

图 2-7   图生图的结果

图生图的结果也可以按照之前介绍的文生图优化图片的方法进一步调整。

3. 智能画布

智能画布功能，可以理解为一个在线的图片编辑器。如图 2-8 所示，在智能画布的界面进行文生图和图片修改的操作，右侧还可以看到图片的不同的图层，类似设计软件 Photoshop 的编辑界面。智能画布非常适合设计师、运营等需要处理复杂内容的岗位，以及创意构思快速生成、海报制作等工作场景。

在智能画布中，可点击"上传图片"按钮，在下方文本框中输入"描述"来修改图片。或者在左侧的菜单栏中选择"文生图"和"图生图"等作图功能，如图 2-9 所示。"文生图"和"图生图"的操作方法与前面讲到的方法一致。

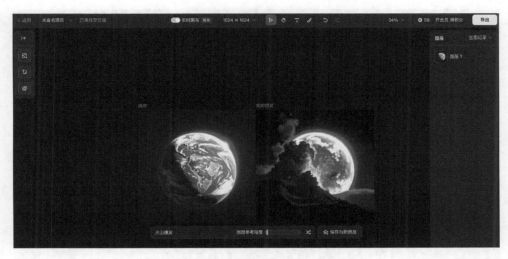

图 2-8　智能画布主界面

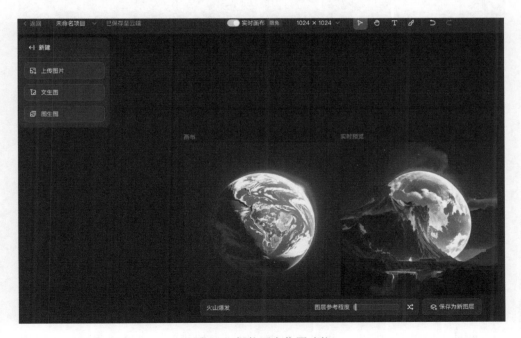

图 2-9　智能画布作图功能

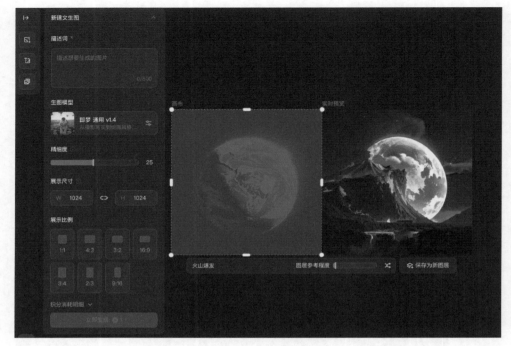

图 2-9　智能画布作图功能（续）

2.1.2　阿里通义万相

通义万相是阿里云通义大模型旗下的 AI 创意作画平台，用户可以通过对配色、布局、风格等图像设计元素进行拆解和组合，提供高度可控性和极大自由度的图像生成效果。用户可以根据文字内容生成不同风格的图像，或者上传图片后进行创意发散，生成内容、风格相似的 AI 画作。

通义万相的创意作画支持"文本生成图像""相似图像生成"和"图像风格迁移"功能，如图 2-10 所示。其中，创意作画还支持"高清作画""局部重绘"和"生成相似图"等拓展功能。

此外，通义万相还有一些特色功能，如"虚拟模特""涂鸦作画""写真馆"和"艺术字"，如图 2-11 所示。可以轻松制作商品图、给草图上色、生成写真照片和艺术字。它非常适合电商行业从业者进行商品展示图制作，以及日常生活中的趣味创作等场景。

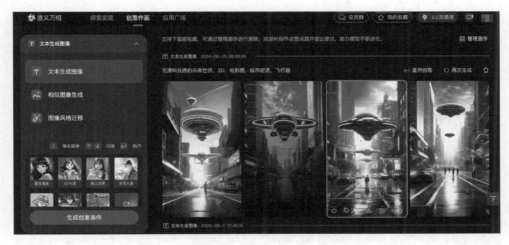

图 2-10　通义万相主界面

图 2-11　通义万相创意广场

目前，通义万相对所有用户免费开放，进入通义万相官网（网址：https://tongyi. aliyun. com/wanxiang/）使用手机号即可注册和登录。用户每天将获得 50 个灵感值，单次生成成功会扣除 1 个灵感值，每日 0 点灵感值会重置。

本小节将带读者了解通义万相的 AI 生成图片的一系列功能。

1. 文本生成图像

进入创意作画界面，在文本框中输入提示词，点击"生成创意画作"按钮，即可快速生成图片。在提示词输入框下方，有一个"咒语书"功能选项，提供了风格、光线、材质、渲染、色彩、构图和视角七类关键词，可以选择适合的关键词来丰富提示词，这对于不太会写提示词或者没有灵感的用户非常友好。

如果想更精准地控制画面效果，可以选择"创意模板"选项中提供的不同的风格和形象；使用"参考图"功能，选择参考内容或者参考风格的强度数值；选择"图片比例"调节图片比例。如图 2-12 所示。

图 2-12　文本生成图像操作界面

2. 相似图像生成

在上方下拉列表中选择"相似图像生成"功能选项，即可使用该功能。

上传参考图，点击"生成相似画作"按钮，一键生成相似图像，如图 2-13 所示。注意，上传的参考图片的大小不要超过 10MB。

图 2-13　相似图像生成

3. 图像风格迁移

在上方下拉列表中选择"图像风格迁移"功能选项，即可使用该功能。

分别上传"原图"和需要参考的"风格图"，点击"生成作画"按钮，一键生成图片。如果自己没有合适的参考图，可以点击下方的"官方示例"，选择一个做风格迁移，如图 2-14 所示。注意，上传的原图和风格图的大小均不要超过 10MB。

图 2-14　图像风格迁移

4. 特色功能：虚拟模特、涂鸦作画、写真馆、艺术字

（1）虚拟模特

从首页"应用广场"中，点击进入"虚拟模特"功能界面，如图 2-15 所示。可以通过 AI 模特和 AI 生成背景，在线制作商品展示图。

图 2-15   虚拟模特

上传一张由真人展示的商品图，选择保留的商品选取，选择或自定义形象模特和背景，点击"生成模特展示图"按钮，即可生成最终效果图，如图 2-16所示。

图 2-16   生成模特展示图

（2）涂鸦作画

从首页"应用广场"中，点击进入"涂鸦作画"功能界面，通过在线涂鸦或者上传涂鸦线稿，输入提示词、选择指定风格，让 AI 帮你完成作品，如图 2-17 所示。

图 2-17　涂鸦作画

（3）写真馆

从首页"应用广场"中，点击进入"写真馆"功能界面，上传 2~4 张人物的照片来创建专属形象，选择好形象之后，选择喜欢的写真模板，即可生成虚拟写真，如图 2-18 所示。

图 2-18　写真馆

（4）艺术字

从首页"应用广场"中，点击进入"艺术字"功能界面，输入 1~4 个字符，选择文字风格、图片比例和图片背景，即可生成指定文字的艺术字效果。如图 2-19 所示。

图 2-19　艺术字

2.2　音乐创作工具

2.2.1　网易天音

网易天音是网易云音乐旗下的一站式 AI 音乐创作工具，它提供了包括词、曲、编、唱、混在内的音乐创作全流程的 AI 创作辅助功能，如 AI 一键写歌、AI 编曲和 AI 作词。

目前，网易天音对所有用户免费开放，进入网易天音官网（网址：https://tianyin.music.163.com/），用网易云音乐、微信、QQ、微博和网易邮箱账号均可注册和登录。

歌曲文件如需导出到本地，普通用户仅限导出 3 次。如需享受不受限制地导出权益，可以去网易音乐人官网（网址：https://music.163.com/musician/artist/home）入驻成为网易音乐人。具体的操作流程，官网中有非常详细的操作指南可供参考。

图 2-20 所示为网易天音的主界面，页面中是主要的三个功能板块"AI 一键写歌""AI 编曲"与"AI 作词"。本节将介绍网易天音的 AI 音乐创作的相关功能。

图 2-20　网易天音主界面

1. AI 一键写歌

在主页选择"AI 一键写歌"功能，点击"开始创作"按钮，进入"新建歌曲"界面，可以选择"关键词灵感"和"写随笔灵感"中的任意一种模式来创作歌曲。这两种模式中，除了输入提示词，还可以上传作曲、调整段落结构和选择音乐类型来辅助歌曲的创作，如图 2-21 所示。

新建好歌曲后，点击"开始 AI 写歌"按钮，进入创作界面，可以通过调整歌词、切换歌手、切换风格等方式优化歌曲效果，如图 2-22 所示。

调整好之后，可以点击"试听"按钮预览歌曲，最后点击"保存"或"导出"按钮，完成歌曲创作。

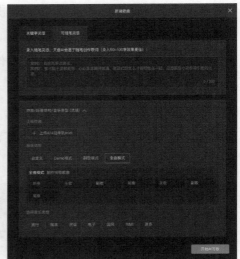

图 2-21　新建歌曲

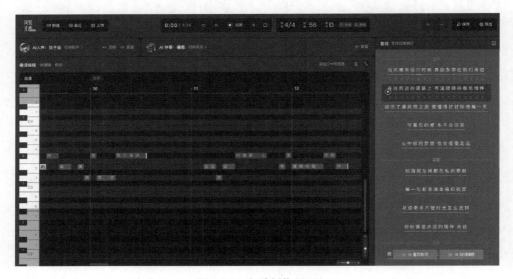

图 2-22　音乐创作界面

2. AI 编曲

在主页选择"AI 编曲"功能，点击"开始创作"按钮，进入"新建编曲"

界面，可以选择"自由创作""基于曲谱创作"或"上传作曲"中的任意一种模式来编曲。

　　新建好编曲后，点击"开始编曲"按钮，进入创作界面，对曲调、编曲风格、和弦参数进行调整，如图 2-23 所示。调整好之后，可以点击"试听"按钮预览编曲，最后点击"保存"或"导出"按钮，完成编曲。

图 2-23　AI 编曲创作界面

　　使用 AI 编曲的功能，可根据和弦谱进行编曲微调的自定义编辑，比较适合有一定乐理基础的创作者使用。对于没有乐理基础的读者，更推荐使用"AI 一键写歌"功能。

3. AI 作词

　　在主页选择"AI 作词"功能，点击"开始创作"按钮，进入"新建歌词"界面，可以选择"自由创作"或"AI 作词"中的任意一种模式来编曲。如图 2-24 所示。

图 2-24　创建歌词

在自由创作模式下，用户在线撰写歌词，利用"词句段落联想""灵感检索"和"AI 写词"等辅助工具来优化歌词内容，如图 2-25 所示。

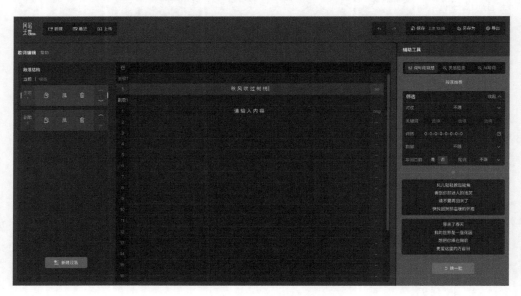

图 2-25　自由创作模式

AI 作词模式的操作方法类似前面提到的 AI 一键写歌功能，可以选择"关键词灵感"和"写随笔灵感"中的任意一种模式来创作歌词，如图 2-26 所示。

图 2-26　AI 作词创作界面

2.2.2　昆仑万维天工 SkyMusic

天工 SkyMusic 是昆仑万维推出的 AI 音乐生成大模型，输入歌曲名称、歌词，选择参考音频即可一键生成歌曲。天工 SkyMusic 是天工 AI "智能工具"中的音乐功能模块，可在天工 AI 官网工具栏中点击 "AI 音乐"标签使用该功能，如图 2-27 所示。

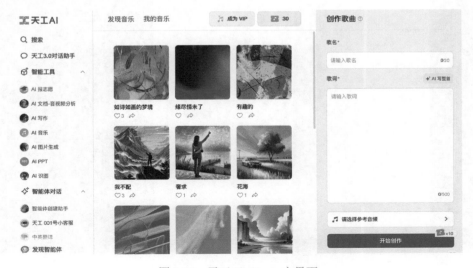

图 2-27　天工 SkyMusic 主界面

天工 SkyMusic 支持"AI 写整首""做同款"等功能。

目前，天工 SkyMusic 对所有用户免费开放，进入官网（网址：https://www.tiangong.cn/）用手机号即可注册和登录。用户每天将获得 30 创作券，每次生成将消耗 10 创作券。

本节将介绍天工 SkyMusic 创作歌曲的基本功能。

1. AI 写整首

进入 AI 音乐创作界面，在"创作歌曲"功能框中输入歌名和歌词，也可以选择在输入歌名之后点击"AI 写整首"按钮，让 AI 根据歌名自动生成歌词。

然后，点击"请选择参考音频"，选择歌曲的曲风和情绪，选择参考音频，点击"使用"按钮如图 2-28 所示。确认好参考音乐后回到主界面，再点击"开始创作"按钮，即可生成一首完整的歌曲。

图 2-28　选择参考音频

完成后的歌曲在"作品音乐"之中，每次生成两首歌曲供选择，可直接下载 MP4 格式到本地，不满意则可以选择"重新创作"选项，如图 2-29 所示。

图 2-29　生成的歌曲

2. 做同款

在"发现音乐"页面，有非常多已经完成的歌曲作品，可任意选择喜欢的歌曲来创作与之风格相近的歌曲，点击歌曲上的"做同款"按钮，如图 2-30 所示，右侧将会自动填入这首歌的歌名和歌词。然后按照"AI 写整首"一样的操作方式，调整提示词和各类参数，创作出想要的歌曲。

图 2-30 "做同款"功能

2.3 视频生成与制作工具

2.3.1 抖音即梦 AI

在"2.1 图片生成工具"中已经详细介绍了即梦 AI 的 AI 图片功能，本小节将介绍即梦 AI 的 AI 视频功能。

即梦 AI 的 AI 视频功能包含"文本生视频"和"图片生视频"，支持首尾帧设置、运镜控制、运动速度调整、模式切换、视频时长选择和视频比例调节，最高可生成 12 秒时长的视频，如图 2-31 所示。

目前，即梦 AI 对所有用户免费开放，进入即梦 AI 官网（网址：https://ji-meng.jianying.com），用手机号或者抖音账号即可注册和登录。用户每天将获得 80 个积分，生成 3 秒时长的视频消耗 12 个积分，以此类推。

图 2-31　AI 视频主界面

　　即梦 AI 视频生成的部分功能需要会员才可以使用，例如，对生成的视频二次调整视频延长、补帧、对口型和提升分辨率等。

　　1. 文本生视频

　　进入"文本生视频"界面，在文本框中输入提示词，在"运镜控制"中选择运镜的移动方向、旋转、摇镜、变焦、幅度等参数，选择标准或流畅模式，调整运动速度、生成时长与视频比例，点击"生成视频"按钮，完成视频创作，如图 2-32 所示。

　　如果不调整"运镜控制"参数，也就是不指定运镜，模型将根据输入的提示词自动匹配运镜效果。

　　视频生成后，可以点击视频下的"视频延长""补帧""提升分辨率"等功能按钮，进一步调整和优化视频，如图 2-33 所示。

　　2. 图片生视频

　　进入"图片生视频"界面，上传图片，结合图片撰写提示词，描述你想生成的画面和动作，即可生成视频。"运镜控制"及各类基础设置的方式与"文本生视频"一致。

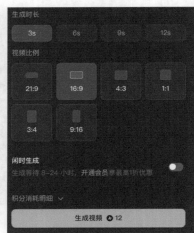

图 2-32 文本生视频

图 2-33 视频优化

上传图片后，在"运镜控制"中选择运镜的移动方向、旋转、摇镜、变焦、幅度等参数，选择标准（适合运动幅度较小的视频）或流畅模式（适合运动幅度较大的视频），调整运动速度、生成时长，点击"生成视频"按钮，完成视频创作，如图 2-34 所示。

图 2-34　图片生视频

图片生视频的模式中，视频的比例无法单独调整，生成的视频比例是沿用的上传图片的比例。因此，如果对视频比例有要求的，可以先调整好图片的比例，再进行图片生视频的操作。

3. 特色功能：尾帧、AI 对口型

（1）尾帧

通过上传两张包含同样主体的图片，撰写提示词来描述两张图片之间的过渡方式，AI 自动完成首帧和尾帧的自然过渡，从而生成视频，如图 2-35 所示。

（2）AI 对口型

在即梦 AI 中生成一段人物视频，在图片下方选择"对口型"功能，如图 2-36 所示。

进入"AI 对口型"功能页面，有"文本朗读"和"上传本地配音"两种方式。

图 2-35　首尾帧功能

图 2-36　AI 对口型

　　使用"文本朗读"方式，输入要对口型的文字内容，选用平台上提供的 AI 朗读音色，调整朗读语速，点击"对口型"按钮即可完成视频，如图 2-37 所示。

　　注意，输入文字内容后检查一下右边的"说话时长"，保证文本朗读的时长不要超过视频的时长。

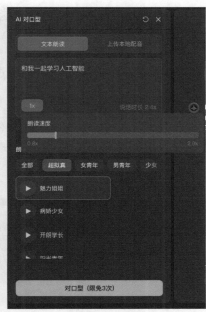

图 2-37　文本朗读

　　使用"上传本地配音"方式，让音频与视频中的人物口型相匹配。点击上传音频，上传后会进入"裁剪音频长度"界面，可进行音频裁剪，如图 2-38 所示。调整好音频后点击"对口型"按钮即可完成视频。

图 2-38　上传本地配音

即梦 AI 还在不断更新各类特色新功能，读者可以根据需求选择和使用。

4. 故事创作

即梦 AI 的故事创作功能允许用户通过一站式生成故事分镜、镜头组织管理、编辑等功能，融汇了 AI 生成图片、AI 生成视频和智能画布的多种功能，支持用户设计自己的角色，用户可以在分镜中输入场景提示词，选择运镜方式和生成模式，以及生成视频时长，实现对视频内容的精细控制，如图 2-39 所示。

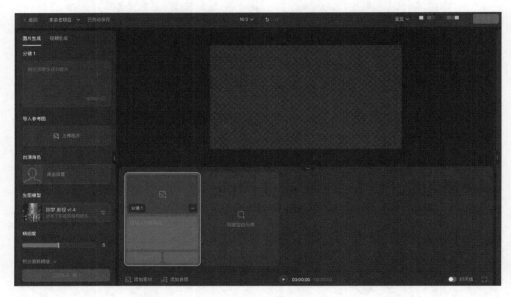

图 2-39　故事创作功能

点击左侧菜单栏"出演角色"创建角色，可以导入已有的角色图片或者用即梦 AI 生成角色图片，如图 2-40 所示。

创建保存角色后回到创作界面，在左侧菜单栏的文本框输入提示词，调整"面部参考度""主体参考度""精细度""比例"等参数。参数调节后即可在右侧"分镜素材"中生成四张自定义主角的图片，选择一张满意的图片作为分镜头的画面，如图 2-41 所示。

图 2-40　创建角色

图 2-41　生成分镜素材

可以对生成好的素材进行二次调整，如"局部重绘""扩图""细节修复"
等，如图 2-42 所示。

图 2-42　对生成的素材进行二次调整

　　用同样的方法可以创建多个分镜头，点击单个分镜头下方的"图生视频"按钮，输入分镜头描述的提示词，将图片生成视频，还可以利用尾帧功能控制视频效果，如图 2-43 所示。

图 2-43　图生视频

按同样的方法，把每一段分镜图片生成视频，即可完成一段由多个分镜头视频组成的视频短片。

2.3.2　抖音剪映

剪映是由抖音官方推出的一款视频编辑工具，有移动端（剪映 APP）、专业版（剪映 PC 版）、网页版等多个版本。剪映简化了视频剪辑流程，让用户即使在没有专业技能的情况下也能制作出高质量的视频内容。

除了视频剪辑、添加音乐、特效滤镜等基础功能外，剪映还提供了诸如智能字幕、智能剪口播、克隆音色、AI 数字人等 AI 辅助功能。

进入剪映官网（网址：https://www.capcut.cn/），下载所需版本，如图 2-44 所示。用手机号或者抖音账号即可注册和登录，大部分的基础功能都可以免费使用，部分 AI 辅助功能需要购买会员才可使用。

图 2-44　剪映官网

本小节将以剪映专业版（PC 版）来做演示，介绍剪映的 AI 辅助视频制作相关功能。

1. 智能字幕

打开剪映专业版，点击"开始创作"按钮进入剪映功能界面，如图 2-45 所示。

a)

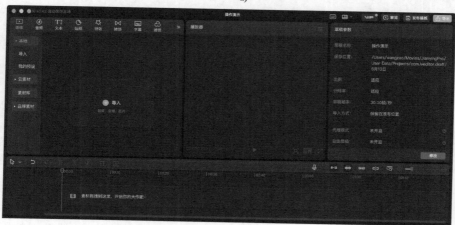

b)

图 2-45　剪映功能界面

　　导入一段视频，点击菜单栏的"文本"菜单，选择"智能字幕"选项，即可看到"识别字幕"和"文稿匹配"两种功能，如图 2-46 所示。

图 2-46　智能字幕

　　使用"识别字幕"功能，AI 会自动识别视频中的人声，并自动生成对应的字幕。

　　使用"文稿匹配"功能，导入该视频的文稿，点击"开始匹配"按钮，AI 会根据文稿的内容将字幕匹配到视频之中，如图 2-47 所示。

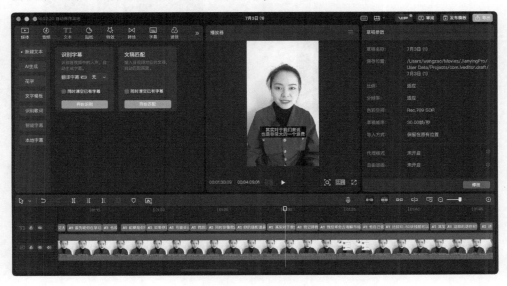

图 2-47　文稿匹配

2. 智能剪口播

智能剪口播功能可在音频和视频的剪辑中使用，在下方的工具栏中找到并点击"智能剪口播"按钮，如图 2-48 所示。

点击"智能剪口播"按钮后，AI 会快速分析并转录音频或视频中的内容，用户可以通过编辑转录的文本，删除该部分的文案，即可完成快速剪辑，如图 2-49 所示。

图 2-48   智能剪口播

如果音频或视频中有多处语气词、停顿和重复语句，可以在上方检索栏中搜索要去除的语句，此时，所有相同的语句都会高亮显示出来，删除语句即可自动完成音频或视频对应部分的去除，如图 2-50 所示。

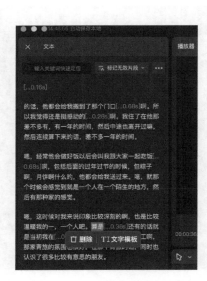

图 2-49   通过删除文案来做剪辑

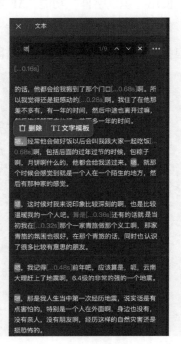

图 2-50   通过搜索快速定位想删除的部分

3. 克隆音色

点击"开始创作"按钮进入剪辑功能界面，导入一段视频，创建好需要朗读的字幕，选中字幕文案，点击右上角"朗读"按钮，即可找到"克隆音色"功能，如图 2-51 所示。

图 2-51 克隆音色

点击"+"图标，进入克隆音色，按照提示朗读例句，如图 2-52 所示。最好戴上耳机录制，并且保持录制环境的安静，能让音质更清晰。

录制完毕后，可以试听中文和英文朗读的效果，如图 2-53 所示。如果不满意可以点击"返回重录"按钮重新录制例句。点击"保存音色"按钮即可在"朗读"功能中找到自己的克隆音色。

回到剪辑主界面，选中字幕文案，在"朗读"功能中选择克隆好的音色，点击"开始朗读"按钮即可使用克隆音色朗读文案，如图 2-54 所示。

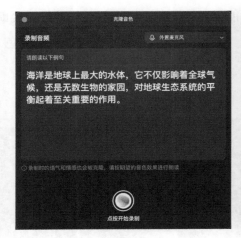

图 2-52　录制朗读例句

图 2-53　试听和保存克隆音色

图 2-54　使用克隆音色朗读文案

4. AI 数字人

点击"开始创作"按钮进入剪辑功能界面，导入一段视频，创建好需要朗读的字幕，选中字幕文案，点击右上角"AI 数字人"按钮，可以选择数字模板，如图 2-55 所示。

图 2-55　AI 数字人

剪映有 36 个不同的数字人形象可供选择，选择好数字人，点击"添加数字人"按钮后数字人形象就保存在下方的剪辑框中了，如图 2-56 所示。可以随意调整数字人的大小和位置。

选用的数字人，默认是用数字人自带的音色，选中数字人视频，在右侧菜单栏中点击"换音色"按钮，可以更换成自己的克隆音色，如图 2-57 所示。

图 2-56　添加数字人

图 2-57　更换克隆音色

2.3.3　百度度加创作工具

度加创作工具是百度出品的 AI 创作工具，包含 AI 成片、高光剪辑两大功能，支持热点新闻生成文案、文案一键成片、AI 改写、AI 朗读、AI 润色文案等，有移动端（度加剪辑 APP）、网页端（度加创作工具）两个版本，界面简单、易上手，适合泛知识类创作者使用。

目前，度加创作工具对所有用户免费开放，移动端可在手机应用商店中搜索"度加剪辑"下载 APP，功能与剪映 APP 类似。网页版可进入度加创作工具官网（网址：https://aigc.baidu.com/），用手机号或者百度账号即可注册和登录。用户访问网页版每天可领取 100 个积分，生成视频每次消耗 20 个积分。

本小节将用度加创作工具（网页端）来做演示，介绍度加创作工具的 AI 辅助视频制作相关功能。

1. AI 成片

在度加创作工具官网主页，点击"AI 成片"按钮进入功能页面，如图 2-58 所示。

图 2-58　AI 成片功能界面

　　有四种方式可以文稿一键成片：1）在文本框中输入或粘贴视频文稿，点击"一键成片"按钮；2）上传文章链接，AI 自动提取文案，点击"一键成片"按钮；3）在右侧"热点推荐"中选择一个热点新闻，点击"生成文案"按钮，AI 搜索和总结不同稿源的内容，生成新的文案，点击"一键成片"按钮；4）点击"选择文章成片"选项卡，选择你已经在平台上成功发布的文章，点击生成视频。

　　注意，前三种方式的文案字数不能超过 1000 字，最后一种"选择文章成片"则不受字数限制。

　　在用 AI 生成文案后，度加创作工具还可以对文案进行润色和优化，点击文本框下方的"AI 润色"按钮，即可完成文案润色，如图 2-59 所示。

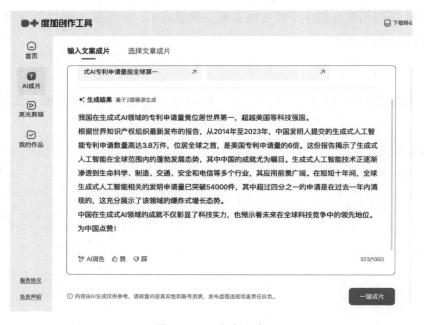

图 2-59　AI 润色文案

　　完成文案后，点击"一键成片"按钮，即可进入视频编辑界面，此时 AI 已经根据文案自动匹配好了视频、字幕、朗读音和背景乐，如图 2-60 所示。

图 2-60 视频编辑界面

如果对匹配的视频素材不满意，可以在"素材库"中更换视频。点击视频左上角的星型图标，使用"智能推荐"功能来更换视频，如图 2-61 所示。

图 2-61 智能推荐

用户还可以对字幕、模板、朗读音和背景乐进行更换及调整。

1）字幕：修改错误的字幕，或者删减调整语句段落，系统会自动重新匹配画面的时长和朗读音的时长，如图 2-62 所示。

图 2-62　调整字幕

2）模板：选择 9∶16 "竖版" 或 16∶9 "横版" 视频格式。其中，竖版视频格式还可以从 "通用" "娱乐" "军事" "科技" "国际" "体育" 等 16 类模板中选择不同风格的背景、标题、字幕的模板，如图 2-63 所示。

图 2-63　调整视频模板

3）朗读音：筛选朗读音色，并对朗读音的语速和音量进行调整。共有 31 种不同风格的 AI 音色可供选择，如图 2-64 所示。

4）背景乐：可根据视频的风格，选择适合的背景音乐。选择好背景乐后，可以调整音乐的音量大小，如图 2-65 所示。

图 2-64　调整朗读音

图 2-65　调整背景乐

5）完成视频制作后，点击右上角的"发布视频"按钮，再点击"生成视频"按钮，即可在"我的作品"中看到已制作完成的视频，如图 2-66 所示。

2. 高光剪辑

"高光剪辑"功能适合用于知识演讲、综艺对话、脱口秀等全人声的视频，故事和内容完整的视频生成的效果更好。它非常适合用于课程的精华片段、直播带货切片、演讲高光时刻等内容的剪辑。

在度加创作工具官网主页，点击"高光剪辑"标签进入功能页面，如图 2-67 所示。

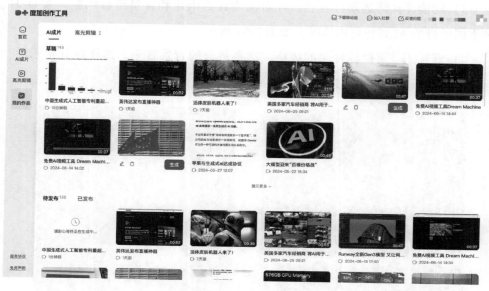

图 2-66　我的作品

图 2-67　高光剪辑功能页面

上传视频时要注意，视频的大小不能超过 200MB，时长为 2~30 分钟（min）。

上传好视频后，设置视频的"剪辑范围"与输出视频的"剪辑长度"，点击"一键剪辑"按钮即可让 AI 自动剪辑出视频的高光片段，如图 2-68 所示。

图 2-68　一键剪辑视频的高光片段

2.4　AI 创作工具初上手

2.4.1　使用抖音即梦 AI 生成图片

1）撰写插画的提示词。做一张小羊为主体的卡通插画，希望画面中有小房子、蓝天、白云和花朵，并且材质是羊毛毡的材质，把这个想法转化成提示词，提示词如下。

> 提示词：
>
> 由羊毛毡材料制成的白菜房子，一群绵羊在草地上，蓝色的天空白色的云朵金色的太阳，羊毛毡制成的山坡和小花，全景构图，卡通风格。

2）选择生图模型，调整图片比例。输入提示词后，选择"通用 v1.4"模型，图片比例选择 3：4，如图 2-69 所示。

图 2-69　选择生图模型，调整图片比例

3）生成、导出高清图片。点击"立即生成"按钮，AI 生成四张图片可供选择，选择一张最满意的，点击"超清图"按钮，如图 2-70 所示。点击上方"下载"按钮，保存高清图到本地，如图 2-71 所示。

图 2-70　生成、导出高清图片

图 2-71　下载高清图

2.4.2　使用网易天音一键写歌

1）撰写提示词，录入随笔灵感。想写一首关于萤火虫的民谣歌曲，把这个想法转化成提示词，作为歌曲的随笔灵感，提示词如下。

> 提示词：
>
> 在那个蝉鸣与稻香交织的仲夏夜，一只小小的萤火虫提着它那盏微弱却坚定的灯笼，在静谧的村道上引领着迷路的孩子回家，它的光芒虽小，却照亮了整个夏天的温暖与希望。

2）选择歌曲类型，开始 AI 写歌。在"新建歌曲"对话框中选择"写随笔灵感"模型，输入提示词后，选择音乐类型"民谣"，点击"开始 AI 写歌"按钮，如图 2-72 所示。

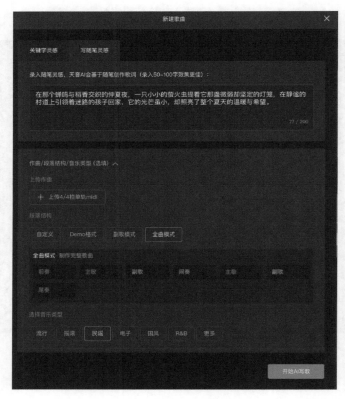

图 2-72　开始 AI 写歌

3）试听音乐效果。播放歌曲，试听效果，如图 2-73 所示。

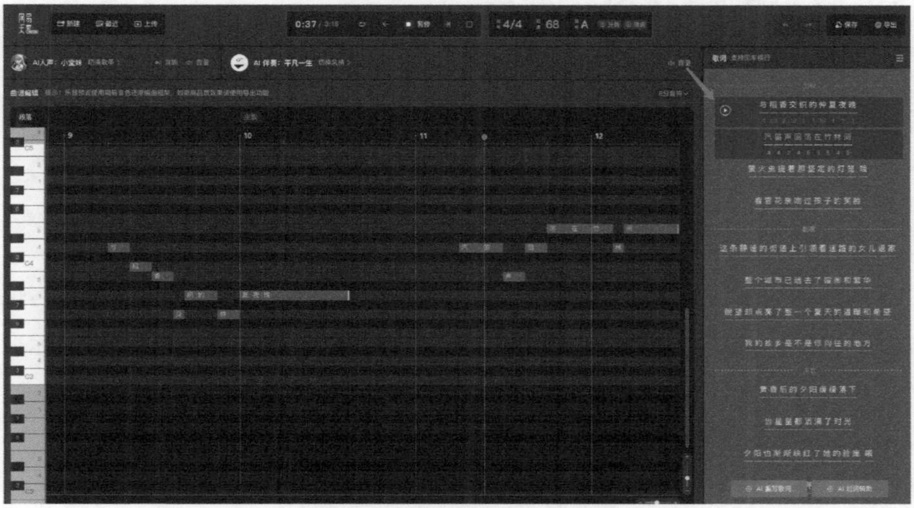

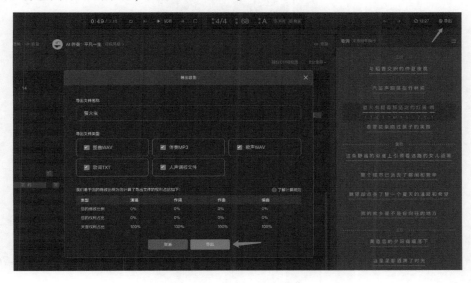

图 2-73　试听音乐效果

4）保存、导出歌曲。点击右上角"保存"按钮将歌曲保存，点击"导出"按钮将歌曲导出到本地，如图 2-74 所示。

图 2-74　保存、导出歌曲

2.4.3 使用抖音即梦 AI 生成视频

1）撰写文生视频的提示词。模仿《戴珍珠耳环的少女》这幅油画做一条人物视频，把这个想法转化成提示词，提示词如下。

> 提示词：
> 一个漂亮的女孩，模仿《戴珍珠耳环的少女》油画中的人物的姿态。

2）选择运镜、运动速度、模式、时长与视频比例。如图 2-75 所示，运镜控制选择"随机运镜"；运动速度选择"慢速"；基础设置中的模式选择"标准模式"；生成时长选择"3s"；视频比例选择"3：4"。

图 2-75　文生视频参数调整

3）生成与导出视频。点击"生成视频"按钮，保存视频到本地，如图 2-76 所示。

图 2-76　生成与导出视频

2.4.4　用度加创作工具一键生成视频

1）输入视频口播文案。在"AI 成片"功能页面，在文本框中撰写视频的口播文案，文案如下。

口播文案：

随着科技的飞速发展，人工智能正逐渐改变我们的工作方式。从数据分析到自动化流程，AI 工具不仅能够提升我们的工作效率，还能帮助我们做出更准确的决策。无论你是从事市场营销、金融、制造还是服务行业，掌握 AI 工具都将成为你职业发展的关键。通过学习和应用这些先进的技术，我们可以更好地应对日益复杂的工作挑战，提升自身的竞争力。同时，AI 工具还可以解放我们的时间，让我们能够专注于更有创造性的任务。让我们一起行动起来，拥抱 AI，迎接未来职场的新机遇！

把准备好的文案输入文本框中，如图 2-77 所示。

2）一键成片，调整标题、模板。点击"一键成片"按钮后，AI 会根据文案的内容自动生成标题文案，不满意可以手动修改，如图 2-78 所示。

图 2-77　输入口播文案

图 2-78　修改视频标题文案

点击"模板"标签，将视频模板改为竖版格式，如图 2-79 所示。

图 2-79　更改模板

3）生成视频，保存视频到本地。点击右上角"发布视频"按钮，选择"生成视频"，如图 2-80 所示。

图 2-80　生成视频并发布

在"我的作品"中找到完成的视频，下载到本地保存，如图 2-81 所示。

图 2-81   下载保存视频

第 3 章

掌握与 AI 创作助手沟通的技巧
——提示词

在熟悉了各类 AI 创作工具之后，本章将详细介绍与 AI 工具沟通的核心——提示词。提示词是引导 AI 创作的关键，它们决定了作品的风格、情感和细节。从图片到音乐，再到视频，每一种媒介都有其独特的沟通方式。本章将介绍如何构建有效的提示词，如万能提示词公式、各类目提示词编写、优化提示词的方法以及不同场景中提示词的运用，帮助读者掌握高效的与 AI 创作助手的沟通技巧，激发 AI 的创造力，提升创作质量。

3.1 AI 生成图片提示词技巧

3.1.1 AI 生成图片万能提示词公式与类目关键词

1. 万能提示词公式

在生成图片时，提示词是指引 AI 创作的重要元素。提示词的构建既需要简洁明了，又要具备足够的细节，以便 AI 能够准确理解并生成期望的图像。一个万能提示词公式可以帮助读者快速掌握创建提示词的方法，常用的形式如下。

> 万能提示词公式：
>
> 【主体】+【环境/背景】+【风格】+【情感】

万能提示词公式主要由主体、环境/背景、风格、情感这四个部分组成，每个部分都是对图片的限定性描述，它们所代表的内容如下。

- 主体：指图像中的主要元素，如人物、动物、物体等。
- 环境/背景：指图像的背景、场景以及周围的环境，如森林、城市、房间等。
- 风格：描述图像的艺术风格，如插画、赛伯朋克、剪纸、摄影等。
- 情感：描述图像的整体氛围与情感，如梦幻的、写实的、浪漫的等。

套用万能提示词公式，做提示词文案练习，文案如下。

> 主体：一匹孤独的狼
>
> 环境/背景：在月光下的荒原上，周围是枯黄的草和岩石
>
> 风格：插画
>
> 情感：冷色调，孤独的氛围
>
> 主体：一位美丽的女孩
>
> 环境/背景：坐在窗边，窗外是朦胧的细雨和远处的城市轮廓
>
> 风格：浪漫主义油画
>
> 情感：营造出一种宁静的情绪
>
> 主体：一片宁静的竹林
>
> 环境/背景：在一座古老的寺庙周围
>
> 风格：摄影写实
>
> 情感：传递一种平和与禅意

2. 进阶提示词公式

万能提示词公式只是文生图最基本的要素，如果想要更丰富的细节和更精

准的内容，除了主体、环境/背景、风格和情感外，还可以在增加主体的细节描述、构图/镜头、图像设定这三个部分。进阶的提示词公式如下。

进阶提示词公式：

【主体】+【细节描述】+【环境/背景】+【风格】+
【情感】+【构图/镜头】+【图像设定】

进阶提示词公式增加的这三个部分所代表的内容如下。

- 细节描述：描述主对象的具体特征和姿态，如颜色、形状、姿势等；或人物形象的设定，如妆容、发型、穿着等。
- 构图/镜头：描述图像的构图和镜头类型，如对称构图、全景、长焦镜头等。
- 图像设定：描述图像的设定，如简约、华丽、高级等；或画面的色彩光线设定，如冷色调、暖色调、高对比度等。

套用进阶提示词公式，补充和优化上方的提示词文案进行练习，文案如下。

主体：一匹孤独的狼

细节描述：皮毛在月光下泛着银光，眼神深邃而警惕

环境/背景：在月光下的荒原上，周围是枯黄的草和岩石

风格：插画

情感：冷色调，孤独的氛围

构图/镜头：使用低角度镜头，强调狼的威严和荒原的辽阔

图像设定：高对比度，突出主体和月光效果

主体：一位美丽的女孩

细节描述：披肩长发，身着复古长裙，手中拿着一本书

环境/背景：坐在窗边，窗外是朦胧的细雨和远处的城市轮廓

风格：浪漫主义油画

情感：营造出一种宁静的情绪

构图/镜头：中景镜头，女孩的侧脸轮廓与窗外景色形成对比

图像设定：以柔和的暖色调为主，使用细腻的笔触和光影效果，增强画面的深度和情感表达

主体：一片宁静的竹林
细节描述：竹叶翠绿欲滴，阳光透过缝隙形成斑驳的光影
环境/背景：在一座古老的寺庙周围
风格：摄影写实
情感：传递一种平和与禅意
构图/镜头：使用广角镜头捕捉竹林的全貌，强调自然的生长和空间感
图像设定：采用自然光线，整体为绿色调，突出竹林的静谧之美

3. 类目关键词对照表

学会了提示词公式，就可以套用公式把自己的创意和想法转化成 AI 能听懂的语句。提示词公式中的关键词远不止这些，每一类还可以做更详细的拆分，见表 3-1。

表 3-1   类目关键词对照表

提示词组成部分	关　键　词
主体	人物、动物、物体、植物、风景、建筑、车辆、食物、家具、电器、电子设备、服饰、机器人、怪物、幻想生物
细节描述	颜色：红色、蓝色、绿色、黄色、紫色、橙色、黑色、白色、粉色、棕色 形状：圆形、方形、三角形、椭圆形、星形、心形、曲线、螺旋、波纹 姿势：站立、奔跑、跳跃、坐着、躺着、飞行、挥手、拥抱、跑步、舞蹈 妆容：自然妆、浓妆、哥特妆、复古妆、未来妆 发型：长发、短发、卷发、直发、马尾、辫子、光头 服装：运动服、连衣裙、T 恤、西服、牛仔裤、汉服、毛衣、羽绒服、工装等

（续）

提示词组成部分	关　键　词
环境/背景	**自然**：森林、海滩、草地、湖泊、山脉、公园、晴天、雨天、雪天、雾天、春、夏、秋、冬、白天、夜晚、黄昏、黎明 **城市**：城市、街道、咖啡馆、办公室、市场、购物中心、长城、埃菲尔铁塔、自由女神像、好莱坞、悉尼歌剧院 **室内**：房间、客厅、厨房、卧室、书房、摄影棚、直播间、会议室 **幻想**：仙境、外太空、未来都市、魔法森林、水下世界
风格	**艺术**：插画、手绘、素描、美式漫画、日本动漫、赛伯朋克、剪纸、抽象画、素描、水彩、水墨画、国风山水画、二次元、卡通、彩铅画、蜡笔画、油画、浮世绘、像素风、低多边形艺术、扁平风、2.5D 动画、3D 动画、OC 渲染、装置艺术、印象派、野兽派、超现实主义、雕塑 **摄影**：人文摄影、风光摄影、人像摄影、时尚摄影、广告摄影
情感	梦幻的、写实的、浪漫的、温暖的、神秘的、静谧的、欢乐的、忧郁的、惊悚的、激动的、宁静的、怀旧的、幻想的、魔幻的、激励的、温柔的、严肃的、恐惧的、希望的、感动的
构图/镜头	**构图**：对称构图、三分法构图、框架构图、透视构图、黄金比例、紧凑构图、松散构图 **镜头**：全景镜头、中景镜头、特写镜头、俯视镜头、低角度镜头、望远镜头、水平镜头、全身镜头、微距镜头、长焦镜头、柔焦镜头、广角镜头、超广角镜头、鱼眼镜头、航拍镜头
图像设定	**图像设定**：简约、华丽、高级、复古风、现代风、未来风、田园风、工业风、极简主义、欧式、日式、中式、北欧风、巴洛克、洛可可、未来派、波普艺术 **色彩设定**：冷色调、暖色调、高对比度、低对比度、黑白、单色调、鲜艳色彩、柔和色彩、淡彩、复古色、霓虹色、金属色 **光线设定**：柔和光线、强烈光线、背光、自然光、夕阳、闪光灯、夜光、霓虹灯、阴影、逆光、柔和光、硬光、反射光、烛光、音乐会照明、面板灯光

　　在套用提示词公式时，可以参考和选用每一项中对应的关键词来丰富和完善提示词内容。注意，无论是提示词的组成部分，还是每一项里的关键词，都非必选项，而是要根据具体的图像需求来选择。

关于"风格""镜头"和"图像设定"，如果生成图片时，AI 对提示词的理解不够准确，可以把该部分的提示词翻译成英文。

3.1.2 编写一条生成卡通插画的提示词

首先思考需要画的主体，然后套用万能提示词公式来撰写提示词文案，文案如下。

> 套用公式：主体+环境/背景+风格+情感
>
> 提示词：
> 一只穿着红色围裙的可爱小猫，在充满玩具和彩球的儿童房间里玩耍，背景是明亮的蓝色墙壁，卡通插画风格，色彩鲜艳，充满欢乐气氛

然后使用即梦 AI 的文生图功能，在文本框内输入提示词文案，点击生成图片，生成的结果如图 3-1 所示。

图 3-1 用即梦 AI 生成卡通插画

3.1.3 调整提示词来优化图片效果

对生成的结果不满意，可以通过补充提示词来优化细节。

图 3-1 中 AI 生成的四张插画结果，图中猫咪的颜色和身上的花色是随机的，有的花纹不太合理。原因是，在撰写提示词文案时，没有对猫咪的颜色做限定。因此，可以对提示词进行优化，在"细节描述"这部分做补充，提示词如下。

原提示词：
一只穿着红色围裙的可爱小猫，在充满玩具和彩球的儿童房间里玩耍，背景是明亮的蓝色墙壁，卡通插画风格，色彩鲜艳，充满欢乐气氛

补充后的提示词：
一只穿着红色围裙的可爱小猫，这是一只橘色花纹的小猫，在充满玩具和彩球的儿童房间里玩耍，背景是明亮的蓝色墙壁，卡通插画风格，色彩鲜艳，充满欢乐气氛

将新提示词重新输入到文本框中，重新生成图片，如图 3-2 所示，重新生成的结果中猫咪花纹都改成橘色了。

图 3-2　补充提示词后重新生成插画

通过调整提示词权重，让 AI 更能抓住重点。

在图 3-2 生成的结果中，希望整体的"插画感"更强烈一些，可以把关于

风格描述的部分提示词放在前面，让 AI "理解" 到重点内容。因此，对提示词进行优化，把 "卡通插画风格" 这部分做位置调整，提示词如下。

> 原提示词：
> 一只穿着红色围裙的可爱小猫，这是一只橘色花纹的小猫，在充满玩具和彩球的儿童房间里玩耍，背景是明亮的蓝色墙壁，卡通插画风格，色彩鲜艳，充满欢乐气氛
>
> 调整权重后的提示词：
> 卡通插画风格，一只穿着红色围裙的可爱小猫，这是一只橘色花纹的小猫，在充满玩具和彩球的儿童房间里玩耍，背景是明亮的蓝色墙壁，色彩鲜艳，充满欢乐气氛

将新提示词重新输入文本框，重新生成图片，如图 3-3 所示。从生成的结果中可以看出，颜色更加丰富了，猫咪的眼睛也更有神了，把插画的感觉抓得更好了。

图 3-3　调整权重后重新生成插画

假如想强调 "穿围裙的猫"，希望 AI 把猫咪服装绘制地更准确，可以通过调整权重并精简描述来优化提示词，新的提示词如下。

原提示词：

卡通插画风格，一只穿着红色围裙的可爱小猫，这是一只橘色花纹的小猫，在充满玩具和彩球的儿童房间里玩耍，背景是明亮的蓝色墙壁，色彩鲜艳，充满欢乐气氛

调整权重后的提示词：

穿红色围裙的猫，卡通插画风格，这是一只橘色花纹的小猫，在充满玩具和彩球的儿童房间里玩耍，背景是明亮的蓝色墙壁，色彩鲜艳，充满欢乐气氛

　　将新提示词重新输入文本框，重新生成图片，如图 3-4 所示。从生成的结果可以看出，猫咪身上的服装更符合要求了。

图 3-4　再次调整权重生成插画

3.1.4　用局部重绘功能来调整图片细节

　　从生成的四张图片中选出一张最满意的，点击下方"局部重绘"功能按钮，可以对图片的某个部分的内容做调整，如图 3-5 所示。

　　在局部重绘功能界面，用画笔在图片上涂抹需要修改的区域，并在下方的

文本框中输入想重新绘制内容的提示词，提示词如下。

局部重绘提示词：
挂在墙上的金色相框的油画

图 3-5　局部重绘

点击"立即生成"按钮后，AI 就会基于原图再次生成四张新的图片，如图 3-6所示。如果想对墙上的油画画面有特定要求，也可以套用前面介绍的提示词公式来撰写局部重绘的提示词文案，进一步修改油画的内容。

图 3-6　局部重绘后生成新的插画

　　局部重绘功能可以弥补 AI 在图片内容准确性上的不足，同时也可以是创意的发散。比如，让小猫咪穿上小皮靴、地面上增加一只小青蛙等，如图 3-7所示。

图 3-7　用局部重绘发散创意

3.1.5　编写一条生成人像摄影照片的提示词

　　1）先确定好主体人物的形象身份，然后套用进阶提示词公式来撰写提示词文案，文案如下。

　　套用公式：主体+细节描述+环境/背景+风格+情感+构图/镜头+图像设定

　　提示词：
　　一个漂亮的亚洲女孩，自然妆容，长长的黑色卷发，穿着白色连衣裙，坐在咖啡店里，时尚摄影风格，柔和光

　　2）使用即梦 AI 的文生图功能，在文本框内输入提示词文案，点击"生成图片"按钮，生成的结果如图 3-8 所示。

图 3-8　用即梦 AI 生成人像摄影照片

3.1.6　用参考图功能实现多种图片效果

利用"参考图"功能，让 AI 基于真实的人物来生成图片。

1）在文本框下方上传参考图片，选择"人物长相"按钮，让 AI 模仿该图片的人物长相，如图 3-9 所示。

图 3-9　参考人物长相

2）在文本框中输入提示词，点击"生成图片"按钮，AI 便会按照参考图片的人物长相生成照片，生成的结果如图 3-10 所示。

图 3-10　利用参考图生成照片

3.1.7　用画布功能来优化图片效果

1）点击生成结果照片下方的"去画布进行编辑"功能按钮，进入画布编辑界面，如图 3-11 所示。

图 3-11　画布编辑界面

2）点击上方的"扩图"按钮，扩展画面内容，如图 3-12 所示。

图 3-12   利用"扩图"功能扩展画面内容

3）利用"消除笔"功能，用画笔涂抹画面中不想要的内容，例如，涂抹掉左后方背景中的凳子和桌面上咖啡杯上方的杂物，点击"清除"按钮，即可完成画面调整，如图 3-13 所示。

图 3-13   用"消除笔"功能去掉画面中不想要的内容

4）点击上方的"添加文字"按钮，给照片添加文字，如图 3-14 所示。

图 3-14　给照片添加文字

3.2　AI 生成音乐提示词技巧

3.2.1　AI 生成音乐万能提示词公式与类目关键词

1. 万能提示词公式

AI 生成音乐与 AI 生成图片不同，并不是直接将提示词输入给 AI 来生成音乐，而是通过提示词来汇集和梳理灵感，然后再在 AI 音乐工具中选择不同的关键词与功能按钮来实现。不同的 AI 工具功能会有所不同，但是创作的思路和方法是通用的。

提示词是引导 AI 音乐创作的重要工具。它们能帮助创作者清晰地表达自己的创作意图和需求，从而使 AI 生成的音乐更符合预期。通过构建详细的提示词，可以更好地控制音乐的风格、情感、结构等方面。万能提示词公式可以帮助读者快速梳理音乐灵感，常用的形式如下。

万能提示词公式：

【音乐类型】+【情感/氛围】+【歌名】+【歌词灵感】

万能提示词公式主要由音乐类型、情感/氛围、歌词、歌词灵感这几个部分组成，它们所代表的内容如下。

- 音乐类型：指音乐的整体风格，如爵士、摇滚、古典、电子等。
- 情感/氛围：描述音乐的情感和氛围，如欢快、忧郁、紧张、浪漫等。
- 歌名：歌曲的名称，如《星空下的你》《月光下的思念》等。
- 歌词灵感：让 AI 根据撰写的灵感关键词或句子创作歌词。

套用万能提示词公式，做提示词文案练习，文案如下。

音乐类型：爵士

情感/氛围：轻松

歌名：《林间漫步》

歌词灵感：夜晚、街道、微风、宁静

音乐类型：摇滚

情感/氛围：励志

歌名：《勇敢》

歌词灵感：充满力量，歌颂勇气和自由

音乐类型：舞曲

情感/氛围：活力、动感

歌名：《午夜狂欢》

歌词灵感：快节奏的鼓点和电子音效，让人忍不住跟着节奏舞动

2. 类目关键词对照表

学会了提示词公式，就可以套用公式，汇集和梳理音乐的创作，更加高效地使用 AI 工具创作音乐。提示词公式中的"音乐类型"和"情感/氛围"关键

词远不止这些，更详细的类目关键词，见表 3-2。

表 3-2　类目关键词对照表

提示词组成部分	关键词/案例
音乐类型	流行、华语流行、民谣、乡村民谣、摇滚、轻摇滚、流行摇滚、后现代摇滚、说唱、嘻哈说唱、金属、电音、EDM 电子舞曲、蒸汽波、布鲁斯、R&B、放克音乐、爵士、雷鬼、国风、流行国风、电子国风、迪斯科、另类音乐、喊麦、劲爆DJ、Urban 都市音乐、氛围钢琴、Lo-Fi
情感/氛围	舒缓、放松、平静、温暖、梦幻、愉快、快乐、浪漫、兴奋、激励、热血、性感、可爱、古怪、搞笑、神秘、史诗、不安、孤独、伤心、悲伤、黑暗、emo、愤怒

在套用提示词公式时，可以参考和选用对应的关键词来丰富与完善提示词内容。注意，不同的 AI 工具所涵盖的关键词和选项也有所不同，可以根据不同 AI 工具里的菜单选项灵活调整。

3. 歌名创作参考表

歌名是一首歌曲最重要的组成部分之一，需要在 AI 生成音乐前做好准备。可以根据表 3-3 中的常见类别、示例以及创作方法来撰写歌名。

表 3-3　歌名创作参考表

类别	子类别	示　例	创 作 方 法
情感/氛围	放松	《悠闲的午后》《温暖的怀抱》	使用温和舒适的词汇组合，创造宁静的画面感
	愉快	《欢乐的时光》《阳光下的笑容》	选用乐观明亮的词汇组合，表达轻松和快乐的氛围
	愤怒	《怒火》《咆哮的心》	结合强烈的情感词汇和动态的动作词，传达激烈的情绪
	黑暗	《黑夜中的秘密》《阴影中的低语》	结合神秘阴郁的词汇，营造出深沉或悬疑的氛围

（续）

类别	子类别	示　例	创作方法
情感/氛围	浪漫	《浪漫的晚餐》《星空下的情缘》	使用甜美情感丰富的词汇组合，传达爱情和浪漫的主题
	梦幻	《梦境的迷离》《幻想的翅膀》	采用具有幻想和神秘色彩的词汇，创造出虚幻和浪漫的意境
	兴奋	《兴奋的节奏》《热血的旋律》	结合强烈的情感词汇和动感的词汇，传达兴奋和激情的感觉
	古怪	《怪诞的旅行》《异想天开的幻想》	运用具有奇异和不寻常的词汇，展现独特和非凡的主题
自然景观	海洋	《海浪的低语》《海边的回忆》	使用海洋的意象，如海浪沙滩等，结合歌曲内容或情感，创造出与自然景象相关的歌名
	山脉	《山顶的清晨》《山间的低语》	将山脉的景象和情感结合，展现出壮丽的自然风光或内心的平静
	森林	《森林中的秘密》《幽静的林间小路》	利用森林的神秘和宁静，结合故事情节或情感，创造具有深度的歌名
	日出/日落	《晨曦的温暖》《黄昏余晖》	使用日出或日落的意象，描绘一天中的不同时间段，结合情感或故事情节
	雪景	《雪中的漫步》《冰雪的乐章》	利用雪景的冷冽和美丽，结合歌曲的氛围或情感，创造出令人印象深刻的歌名
城市景观	街道	《城市的喧嚣》《夜幕下的街角》	使用城市街道的意象，结合歌曲的氛围或故事情节
	霓虹	《霓虹下的梦境》《光影中的追逐》	利用霓虹灯的色彩和光影效果，展现现代城市的氛围或感受
	黄昏	《黄昏的思绪》《黄昏下的秘密》	描绘黄昏的柔和光线与情感，展现一天结束时的情感状态
	雨夜	《雨中的低语》《湿润的回忆》	利用雨夜的意象，结合情感或故事，创造出具有感性和浪漫的歌名

（续）

类别	子类别	示　　例	创 作 方 法
故事/情节	冒险	《奇幻之旅程》《未知的征途》	结合冒险故事的情节，展现探险或旅行的主题
	爱情	《深情的告白》《心动的瞬间》	使用爱情的主题，创造出浪漫或甜蜜的歌名
	孤独	《独自的旅程》《孤单的星空》	通过孤独的情感和意象，表达内心的孤单或寂寞
	旅行	《远方的梦想》《漫游的记忆》	利用旅行的主题，展现不同的风景和经历
主题/概念	心境	《伤感的回忆》《欢乐的时光》	描述不同的情感或心境，创造出适合各种情感表达的歌名
	幻想	《梦境的幻影》《奇幻的世界》	结合幻想和梦境的主题，展现独特的艺术风格或故事情节
	励志	《梦想的力量》《奋进的步伐》	利用励志的主题，鼓舞人心，创造积极向上的歌名
	古怪/另类	《怪诞的旅程》《另类的世界》	结合古怪和另类的主题，展现独特的音乐风格或故事情节

除了运用"歌名创作参考表"中的方法来撰写歌名，还可以把表格中的案例和创作方法发送给 AI 文本生成工具（如 Kimi、文心一言、智谱清言等），让 AI 根据要求来撰写歌名。关于如何利用 AI 文本生成工具辅助内容创作，在本书的第 5 章中有详细演示。

4. 歌词灵感关键词对照表

歌曲歌词的创作在使用不同的 AI 工具时有所不同，通常为以下三种方法：

1）使用昆仑万维天工 SkyMusic 时，输入歌名后点击"AI 写整首"按钮，AI 会根据歌名自动生成完整歌词。

2）使用网易天音"一键写歌"时，填写 2~4 个灵感关键词或撰写 50~100 字的一段话随笔，AI 会根据灵感自动生成歌词。

3）利用 AI 文本生成工具（如文心一言、智谱清言、Kimi 等）来撰写歌词。

本小节将介绍第二种歌词创作方法中必备的灵感关键词对照表，见表 3-4，可以参考表格中的关键词或随笔句子作为歌词的灵感来源。

表 3-4　歌词灵感关键词对照表

类　别	灵感关键词	灵感随笔（示例）
自然景象	夜晚、星空、山川、湖泊、风、花、雨、日出、海浪、草原、森林、溪流、沙漠、瀑布、月光、云彩、鸟鸣、露珠、彩虹、冰川	在星空下的湖泊边，微风轻拂，花香四溢。彩虹挂在天边，露珠在阳光中闪烁，带来宁静的梦幻
城市生活	街道、霓虹、咖啡馆、车水马龙、繁忙、孤独、回忆、高楼、地铁、商场、夜市、出租车、公园、音乐会、广场、烟火、公交站、市场、桥梁、涂鸦	繁忙的街道上，霓虹灯闪烁，车水马龙中孤独感悄然蔓延。咖啡馆里的回忆如灯火般温暖
情感表达	爱情、失落、欢乐、痛苦、温暖、勇气、怀旧、愤怒、放松、愉快、悲伤、孤独、兴奋、热血、性感、可爱、忧郁、感动、希望、惆怅	爱情的甜蜜伴随着失落的伤痛，如同一段难忘的旋律在心中回荡。欢乐的时光虽然短暂，但却成为了生活中的暖流，带来了勇气与希望
人生经历	成长、奋斗、梦想、追求、挑战、回忆、成就、变迁、机遇、挫折、希望、突破、学习、困惑、进步、选择、决心、努力、困境、蜕变	成长的道路上充满了挑战与奋斗，但每一个努力的瞬间都成为追逐梦想的动力。回忆过去的成就，是对自己最好的奖励，也是未来的力量源泉
季节变化	春天、夏天、秋天、冬天、雪、雨、阳光、寒风、霜、樱花、枫叶、冰、花朵、绿叶、炎热、凉爽、落叶、芽、雾、雷雨、风暴	春天的花朵绽放，夏天的阳光灿烂，秋天的落叶飘零，冬天的雪花飞舞。四季都有独特的色彩与气息，让人感受到自然的无尽变化与生命的轮回
人物角色	英雄、旅人、失落者、梦想家、孤独者、战士、恋人、领袖、反叛者、探险家、诗人、艺术家、骑士、学者、魔法师、圣者、猎人、农夫、医者、守护者	在英雄的光辉下，旅人踏上了追寻梦想的旅途。失落者的内心充满了思考，孤独的夜晚却赋予了他们不凡的勇气。恋人之间的深情，如同战士们无畏的坚持

（续）

类　别	灵感关键词	灵感随笔（示例）
社会现象	现代科技、社会压力、环保、城市化、孤立、变革、群体行为、科技进步、消费主义、贫富差距、医疗改革、教育公平、工作压力、资源短缺、交通拥堵、网络文化、移民问题、宗教信仰、家庭结构、老龄化	现代科技的飞速发展带来了社会的巨大变革，同时也让人们面临前所未有的压力。环保成为社会的共识，而城市化进程中的孤立感则让人们重新审视人与人之间的联系
幻想世界	魔法、奇幻、异世界、超能力、神秘、生物、冒险、传说、神话、魔兽、精灵、时空穿越、龙、巫师、仙境、宝藏、隐士、飞船、宇宙、幻觉	在异世界的魔法下，一切皆有可能。奇幻的生物和超能力的冒险让人仿佛置身于一个全新的天地。神秘的森林深处隐藏着无尽的秘密，等待着勇敢者去探索
爱情故事	甜蜜、分离、承诺、背叛、重逢、浪漫、忧伤、表白、初恋、热恋、争吵、复合、思念、暗恋、婚礼、约会、承诺、祝福、幸福、牵手	甜蜜的爱情故事中，分离带来了痛苦，而承诺与背叛则考验了彼此的真心。重逢的那一刻，如同浪漫的情节被书写，忧伤的回忆却依然让人心生感慨
励志故事	努力、成功、梦想、挑战、奋斗、希望、勇气、拼搏、决心、坚持、进步、成长、突破、自信、智慧、乐观、激励、信念、榜样、荣耀	努力奋斗的故事充满了希望和勇气。每一次挑战都是通往成功的必经之路，而梦想则是驱动人们不断前行的动力源泉
生活琐事	家庭、朋友、日常、工作、闲暇、购物、餐饮、早晨、邻居、宠物、晚餐、孩子、菜园、运动、电影、电视、休闲、交流、生日、庆祝	生活中的琐事虽然平凡，却能够带来无数的快乐与挑战。家庭的温暖，朋友的陪伴，工作中的点滴，都是生活的真实写照
旅行与冒险	旅行、探险、风景、文化、体验、奇遇、山谷、海滩、城市、荒野、纪念碑、博物馆、集市、节日、山脉、湖泊、沙漠、丛林、古迹、长途	在陌生的城市中漫步，体验不同的文化和风景，每一次的冒险都是一次难忘的旅程。奇遇与经历让人感受到生命的丰富与精彩
个人成长	学习、变化、成长、自我发现、突破、进步、困惑、选择、努力、决心、蜕变、体验、挑战、成功、反思、勇敢、独立、成熟、追求、自律	在学习和挑战中不断成长，自我发现的过程充满了不确定性和惊喜。每一次进步都是对过去努力的最好回报

（续）

类　　别	灵感关键词	灵感随笔（示例）
回忆与怀旧	童年、往昔、回忆、旧时光、怀旧、过去、回忆、老照片、老友、故乡、记忆、旧物、校园、岁月、青涩、纯真、旧梦、老歌、时光、昔日	童年的回忆充满纯真与温暖。旧时光中的点滴令人怀念，那些过去的日子虽已远去，却在心中留下深深印记

"歌词灵感关键词对照表"中按照不同类别列出了常见的灵感关键词，可以根据想创作歌曲的类型选取其中一类中的 2~4 个关键词作为 AI 撰写歌词的关键词灵感。创作者也可以从不同类别中选取关键词，不过这样内容会比较跳跃，生成结果的稳定性不如同一类别中选取关键词。

表格中"灵感随笔（示例）"这一列，是根据不同类别歌曲撰写的 50~100 字的一段话随笔的示例，读者们可以以此作为参考。

注意，灵感随笔没有固定的公式，只需要把想要在歌词中表达的思想、情感、故事等内容表达出来即可。

3. 2. 2　编写一条生成摇滚乐的提示词

1）套用万能提示词公式来撰写提示词文案，作为创作一首摇滚乐的灵感梳理。文案如下。

套用公式：音乐类型+情感/氛围+歌名+歌词灵感

音乐类型：摇滚
情感/氛围：愉快
歌名：午夜狂欢
歌词灵感：无（用昆仑万维天工 SkyMusic 的"AI 写整首"功能，即 AI 根据标题自动写歌词）

2）使用昆仑万维天工 SkyMusic，在创作主页右侧文本框内输入歌名，点击下方的"AI 写整首"功能按钮，生成歌曲的歌词，如图 3-15 所示。

图 3-15 让 AI 根据歌名自动生成歌词

生成的歌词内容如下。

[前奏]

[主歌]
我要在黑夜里舞蹈
直到天亮才肯罢休
不管未来有多坎坷
我都会勇敢去追求

[副歌]
我是一颗自由的心
带着梦想去远航
如果你能相信我

我就不会再害怕黑夜

[主歌]
我要在黑夜里歌唱
唱出我对未来的向往
无论多少次跌倒又爬起
都不会轻易放弃我自己

[副歌]
让风吹走所有的忧伤
让阳光照亮心中的希望
哪怕有一天会受伤
至少曾经拥有过辉煌

[主歌]
我要在黑夜里舞蹈
直到天亮才肯罢休
不管未来有多坎坷
我都会勇敢去追求

[副歌]
我是那追梦的勇士
不惧怕任何阻挡
如果你能与我同行
我们一起迎接新曙光

[副歌]
我是一颗自由的心
带着梦想去远航

既然已经启程出发

就不再回头不再彷徨

如果对歌词的内容不满意，可以再次点击"AI 写整首"按钮让 AI 重新写歌词，也可以直接在歌词文本框中修改歌词文案。

3）选择歌曲的音乐类型和情感/氛围。昆仑万维天工 SkyMusi 的"选择参考音频"功能界面中"曲风"对应的是音乐类型，"情绪"对应的是情感/氛围。根据提示词，选择适合的参考音频，点击"使用"按钮，如图 3-16 所示。

图 3-16　选择参考音频

4）回到创作主页，在右侧操作面板右下方点击"开始创作"按钮，即可生成两首歌曲，生成的结果在"我的作品"中，可以点击试听，或选择一首喜欢的歌曲下载保存到本地，如图 3-17 所示。

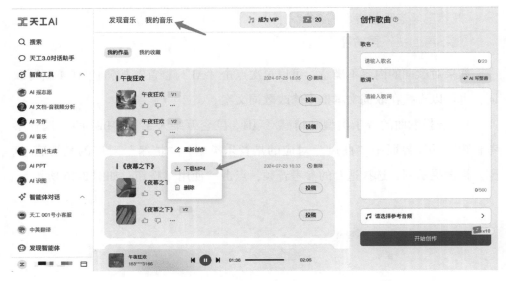

图 3-17   昆仑万维天工 SkyMusi 生成音乐

3.2.3   编写一条生成电影配乐的提示词

1）套用万能提示词公式来撰写提示词文案，作为创作一首伤感的电影配乐的灵感梳理。文案如下。

套用公式：音乐类型+情感/氛围+歌名+歌词灵感

音乐类型：流行

情感/氛围：emo

歌名：《迷失的心跳》

歌词灵感：在孤独的夜晚，微弱的光线穿透沉闷的雾气。每一步都带着沉重的情绪，回响在寂静的街道上。隐藏在黑暗中的真相，让人感到无助和迷茫，情绪在寂静中逐渐崩溃

2）使用网易天音，点击"AI 一键写歌"功能，在"新建歌曲"界面中选择"写随笔灵感"模式，把提示词中的歌词灵感文案输入文本框中，如图 3-18 所示。

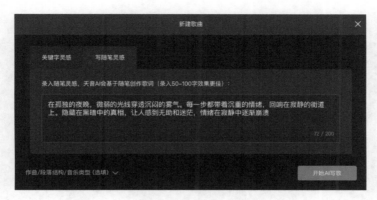

图 3-18　输入灵感随笔生成歌词与音乐

3）点击"开始 AI 写歌"按钮生成歌曲并进入创作界面，调整 AI 伴奏。点击上方菜单栏的"切换风格"按钮，进入"选择编曲风格"界面，如图 3-19 所示。

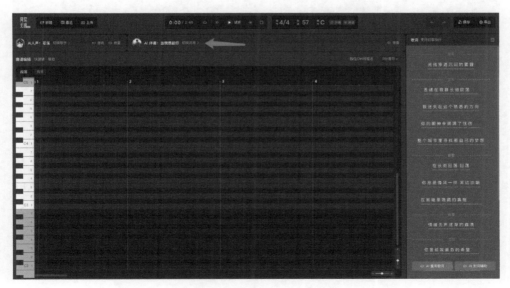

图 3-19　点击"切换风格"按钮进入"选择编曲风格"界面

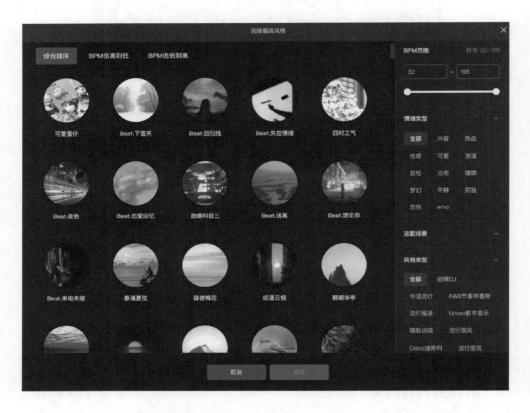

图 3-19　点击"切换风格"按钮进入"选择编曲风格"界面（续）

　　4）按照提示词中的设定，在右侧菜单栏"情绪类型"中选择"emo"，在"风格类型"中选择"华语流行"，筛选出对应的曲风，试听后选择出最满意的一个，点击"确定"按钮即可完成歌曲风格与情感/氛围的设定，如图 3-20 所示。

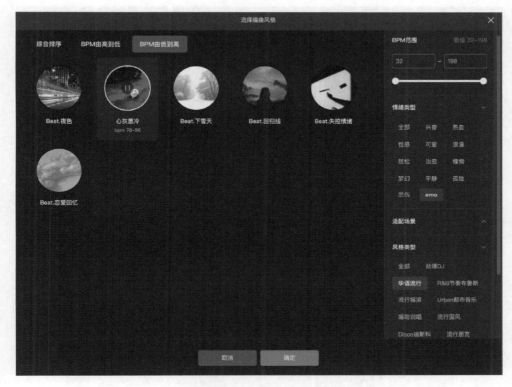

图 3-20　编曲风格选择

3.2.4　调整拍速来优化音乐效果

在网易天音的创作界面中，可以通过调整歌曲"拍速"的数值来调整歌曲的节奏。将鼠标箭头放置在上方菜单栏"拍速"位置上，按住鼠标左键，上下拉动即可调整拍速大小，如图 3-21 所示。

以 3.2.3 小节中的电影配乐为例，这是一首悲伤的歌曲，因此更适合慢一点的拍速。调节上方菜单栏中的"拍速"，将速度降低至推荐范围的最低值"78"，点击右侧歌词栏中的"播放"按钮即可试听调整好的歌曲，如图 3-22 所示。

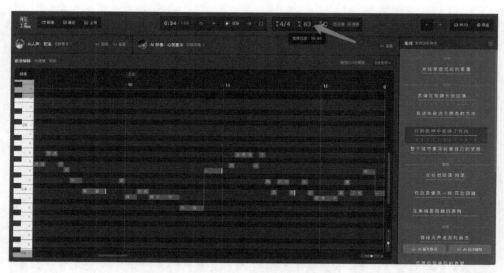

图 3-21　调整拍速功能

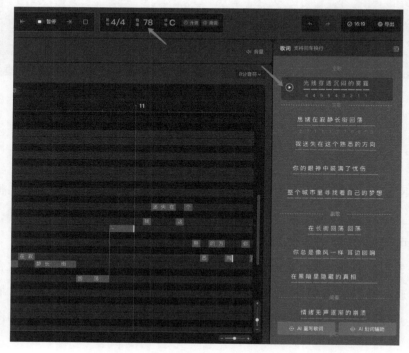

图 3-22　调节拍速数值来优化歌曲

注意，歌曲的拍速没有一个固定的数值或者规范。AI 会根据创作者选择的"AI 伴奏"来匹配不同的拍速，需要创作者根据自身歌曲的曲风和喜好来进一步调整。

3.2.5　更换 AI 演唱歌手来调整音乐效果

在网易天音的创作界面中，点击左上方菜单栏的"切换歌手"按钮，进入歌手选择界面，如图 3-23 所示。

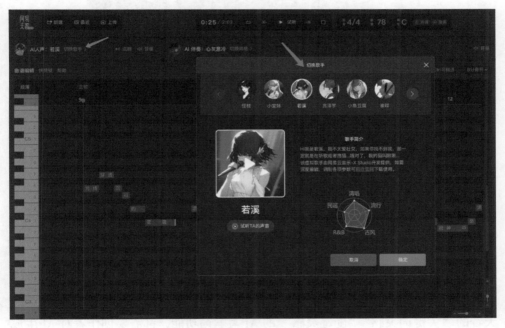

图 3-23　切换歌手功能界面

目前，网易天音上一共有 9 位 AI 歌手（5 位女歌手和 4 位男歌手），每一位歌手的音色和擅长的歌曲风格都不同，可以点击"试听 TA 声音"按钮，试听每一位歌手的声音。

在优化歌曲效果时，可以通过更换适合的演唱歌手，从而达到更好的歌曲效果。例如，提示词中音乐类型的设定是"摇滚"，可以选择擅长摇滚乐的 AI

歌手崔璨，如图 3-24 所示。

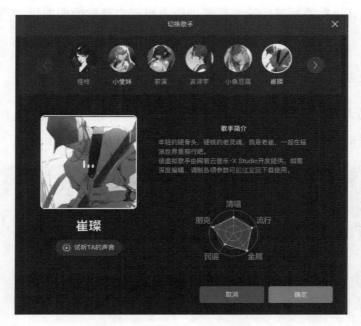

图 3-24　选择 AI 歌手崔璨

3.2.6　用 AI 划词辅助修改歌词

AI 生成歌词具有随机性，一次生成的结果并不一定是完美的。想要追求更好的歌曲效果，无论是使用天工 SkyMusic 的 "AI 写整首" 功能，还是使用网易天音的 "关键词灵感" "随笔灵感" 的 AI 写歌词功能，都需要创作者对 AI 生成的歌词文案进行二次修改和微调，以达到更满意的效果。

进入网易天音的创作界面，在右侧歌词面板的下方有 "AI 重写歌词" 和 "AI 划词辅助" 两个修改歌词的功能，如图 3-25 所示。可以利用 "AI 划词辅助" 功能对 AI 生成的歌词做二次修改和微调。

点击 "AI 划词辅助" 按钮，进入编辑界面，选中想要修改的词、句或段落，AI 会在右侧 "综合推荐" 栏中给出综合推荐，如图 3-26 所示。

图 3-25　网易天音修改歌词功能

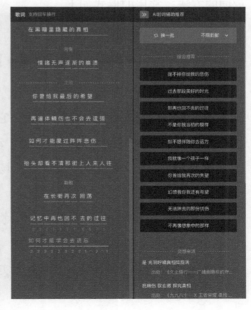

图 3-26　"综合推荐"栏

点击"综合推荐"中的词，即可替换原歌词中的词。如果推荐的词都不满意，可以点击上方的"换一批"按钮更换词库，重新选择替换词。

3.3　AI 生成视频提示词技巧

3.3.1　AI 生成视频万能提示词公式与类目关键词

1. 万能提示词公式

在提示词的技巧与应用上，AI 生成视频与 AI 生成图片的原理基本相同。掌握了 AI 生成图片的提示词技巧，便能很轻松地掌握 AI 生成视频的提示词技巧。

AI 生成视频相比于 AI 生成图片，背后的技术更复杂，且目前 AI 视频技术还不够成熟，因而生成的内容随机性更强。提示词的文案应尽可能简洁清晰，避免太过复杂的内容描述。一个万能提示词公式可以帮助读者快速掌握创建提示词的方法，常用的形式如下。

> 万能提示词公式：
>
> 　　　　【主体】+【环境/背景】+【运动】+【风格】

万能提示词公式主要由主体、环境/背景、运动、风格这四个部分组成，每个部分都是对视频内容的限定性描述，它们所代表的内容如下。

- 主体：指视频的主角，如人物、动物、物体等。
- 环境/背景：指视频中的背景、场景以及周围的环境，如森林、城市、房间等。
- 运动：指视频中主角或环境中物体的运动，如奔跑、飞行、飘落、滚动等。
- 风格：指视频的风格，如超写实、电影、中国风、二次元动漫、3D 动画等。

套用万能提示词公式，做提示词文案练习，如下。

主体：会说话的魔法书

环境/背景：在魔法图书馆

运动：在半空中缓缓飞行

风格：超写实

主体：小女孩抱着猫咪

环境/背景：躺在客厅柔软的沙发上

运动：看着镜头眨眼睛

风格：二次元动漫

主体：小男孩

环境/背景：在甜品乐园

运动：小男孩坐在漂浮的甜甜圈上

风格：3D 卡通

2. 进阶提示词公式

在掌握了基础的万能提示词公式后，可以通过进阶提示词公式来进一步丰富视频内容的细节和精准性。进阶提示词公式在主体、环境/背景、运动和风格四个基本要素的基础上，增加了细节描述、镜头语言、构图/镜头和光影/色调四个部分。这样，可以更全面地描述视频的视觉效果和叙事方式。进阶提示词公式如下。

进阶提示词公式：

【主体】＋【细节描述】＋【环境/背景】＋【运动】＋【风格】＋
【情感】＋【镜头语言】＋【构图/镜头】＋【光影/色调】

进阶提示词公式增加的其他四个组成部分所代表的内容如下。

- 细节描述：描述主体对象的具体特征和姿态，如颜色、形状、姿势等；或人物形象的设定，如发型、发色、穿着等。

- 镜头语言：描述视频镜头表现方式与镜头运动，如向左移动镜头、向上摇镜等。
- 构图/镜头：描述视频拍摄的构图和镜头类型，如全景、中景、微距、长焦等。
- 光影/色调：描述视频打光效果与色调，如冷暖对比、电影光效、低饱和度等。

由于 AI 生成视频的提示词文案需要尽可能简洁清晰，所以在套用进阶提示词公式时不需要八个组成部分全部选用，可以根据实际需求，在万能提示词公式（主体+环境/背景+运动+风格）的基础上适当增加 1~2 项。

注意，"镜头语言"这一项，不同 AI 工具在使用上会有所差别，例如，在使用即梦 AI 的视频功能时，镜头语言部分是直接在菜单栏中勾选，无须写进提示词文本框中。

套用进阶提示词公式，补充和优化上方的提示词文案进行练习，文案如下。

主体：会说话的魔法书
细节描述：书皮是古老的皮革
环境/背景：在魔法图书馆
运动：在半空中缓缓飞行
风格：超写实
镜头语言：向上移动镜头
构图/镜头：全景拍摄

主体：小女孩和猫咪
细节描述：小女孩穿着粉色连衣裙，猫咪是白色长毛猫，眼睛大而明亮
环境/背景：客厅的沙发上，周围是温馨的家庭装饰
运动：小女孩轻柔地抚摸着猫咪
风格：二次元动漫
光影/色调：暖色调，柔和的灯光，整体氛围温馨

主体：小男孩

环境/背景：在甜品乐园，周围是巨大的甜筒和糖果屋

运动：小男孩坐在漂浮的甜甜圈上

风格：3D 卡通

情感：梦幻的

构图/镜头：全景构图

3. 类目关键词对照表

提示词公式中的关键词与 AI 生成图片的关键词对照表同理，每一类还可以做更详细的拆分，见表 3-5。

表 3-5　类目关键词对照表

提示词组成部分	关　键　词
主体	人物、动物、物体、植物、风景、建筑、车辆、食物、家具、电器、电子设备、服饰、机器人、怪物、幻想生物
细节描述	颜色：红色、蓝色、绿色、黄色、紫色、橙色、黑色、白色、粉色、棕色 形状：圆形、方形、椭圆形、心形、曲线、螺旋、波纹 姿势：站立、坐着、躺着、抱着、跪着 发型：长发、短发、卷发、直发、马尾、辫子、光头 服装：运动服、连衣裙、T 恤、西服、牛仔裤、汉服、毛衣、羽绒服、工装
环境/背景	自然：森林、海滩、草地、湖泊、山脉、公园、晴天、雨天、雪天、雾天、春、夏、秋、冬、白天、夜晚、黄昏、黎明 城市：城市、街道、咖啡馆、办公室、市场、购物中心、长城、埃菲尔铁塔、自由女神像、好莱坞、悉尼歌剧院 室内：房间、客厅、厨房、卧室、书房、摄影棚、直播间、会议室 幻想：仙境、外太空、未来都市、魔法森林、水下世界
运动	奔跑、飞行、飘落、滚动、跳跃、游泳、漂浮、旋转、滑动、行走、攀爬、舞蹈、战斗、打斗、慢走、飞翔、移动

（续）

提示词组成部分	关　键　词
风格	超写实、电影风格、二次元动漫、3D 卡通、中国风、水墨画风格、赛博朋克风格、油画风格、4K 高清视频
情感	梦幻的、写实的、浪漫的、温暖的、神秘的、静谧的、欢乐的、忧郁的、惊悚的、激动的、宁静的、怀旧的、幻想的、魔幻的、激励的、温柔的、严肃的、恐惧的、希望的、感动的
镜头语言	移动：向左移动镜头、向右移动镜头、向上移动镜头、向下移动镜头，逆时针旋转镜头、顺时针旋转镜头 变焦：变焦推进、变焦拉远 摇镜：向左摇镜、向右摇镜、向上摇镜、向下摇镜 幅度：小、中、大
构图/镜头	构图：对称构图、三分法构图、框架构图、透视构图、黄金比例、紧凑构图、松散构图 镜头：全景镜头、中景镜头、特写镜头、俯视镜头、低角度镜头、望远镜头、水平镜头、全身镜头、微距镜头、长焦镜头、柔焦镜头、广角镜头、超广角镜头、鱼眼镜头、航拍镜头
光影/色调	冷暖对比、电影光效、低饱和度、高对比、柔和光线、暗黑风、明亮、阴影、自然光、夕阳光、月光、星光、彩色、黑白、蓝色调、黄色调

在套用提示词公式时，可以参考和选用每一项中对应的关键词来丰富和完善提示词内容。注意，无论是提示词公式中的组成部分，还是公式中每一项里的关键词，都非必选项，而是要根据具体的视频需求来选择。

注意，AI 生成视频对生成内容的数量不敏感，避免数量词可以减少生成内容的错误。利用图片生成视频功能，撰写提示词并上传图片，可以弥补文本生成视频在理解能力上的不足。

3.3.2　编写一条生成产品视频的提示词

1）先思考需要画的主体，然后套用万能提示词公式来撰写提示词文案，文案如下。

> 套用公式：主体+环境/背景+运动+风格
>
> 提示词：
> 玻璃瓶香水，在沙滩上，海水缓慢冲向岸边，超写实风格

2）使用即梦 AI 的文本生视频功能，在文本框内输入提示词文案，点击生成视频，生成的结果如图 3-27 所示。

图 3-27　用即梦 AI 生成视频

3.3.3　调整提示词来优化视频效果

对生成的结果不满意，可以通过补充提示词来优化细节。

图 3-27 中 AI 生成的视频，内容丰富度不够，这里还可以对提示词进行优化，在"细节描述""情感""光影/色调"等几个部分做优化和补充，提示词如下。

> 原提示词：
> 玻璃瓶香水，在沙滩上，海水缓慢冲向岸边，超写实风格

补充后的提示词：

一个玻璃瓶香水放置在沙滩上，阳光下的香水瓶闪闪发光。天蓝色的海水轻轻冲向岸边，沙滩上的细沙随着海浪的冲刷呈现出不同的纹理。柔和光线，给人一种轻松愉快的感觉。背景是蔚蓝的大海和洁白的沙滩，氛围休闲而舒适，电影风格

将新提示词重新输入到文本框中重新生成视频，如图 3-28 所示。

图 3-28　优化和补充提示词后重新生成视频

在图 3-28 生成的结果中，画面的内容比较单一，也没有对香水颜色进行限定，这里可以对提示词再次补充，增加主体物和背景中装饰物的描述，提示词文案如下。

原提示词：

一个玻璃瓶香水放置在沙滩上，阳光下的香水瓶闪闪发光。天蓝色的海水轻轻冲向岸边，沙滩上的细沙随着海浪的冲刷呈现出不同的纹理。柔和光线，给人一种轻松愉快的感觉。背景是蔚蓝的大海和洁白的沙滩，氛围休闲而舒适，电影风格

　　丰富细节描述后的提示词：

　　一个玻璃瓶香水放置在沙滩上，阳光下的香水瓶闪闪发光。香水颜色是蓝色，香水瓶旁边摆放着贝壳珍珠等装饰物，天蓝色的海水轻轻冲向岸边，沙滩上的细沙随着海浪的冲刷呈现出不同的纹理。柔和光线，给人一种轻松愉快的感觉。背景是蔚蓝的大海和洁白的沙滩，氛围休闲而舒适，电影风格

　　将新提示词重新输入文本框，重新生成视频，如图 3-29 所示。从生成的结果中可以看出，香水颜色变成了蓝色，也增加了贝壳和珍珠做装饰，画面细节更丰富了。

图 3-29　丰富提示词后重新生成视频

3.3.4　利用图片生成城市街景视频

　　撰写提示词让 AI 生成素材图片，套用 AI 生成图片进阶提示词公式来撰写提示词文案，让 AI 生成城市街景图片，选出两张满意的图片生成高清图作为素材，如图 3-30 所示。

　　利用即梦 AI 的"图生视频"功能生成视频。上传一张素材图片，套用提示词公式，结合图片内容撰写"主体""运动"和"细节描述"部分的提示词文案，

并利用即梦 AI 的"运镜控制"功能来设置视频的"镜头语言"，如图 3-31 所示。

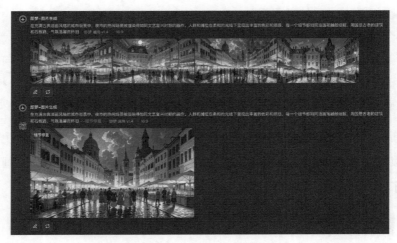

图 3-30　让 AI 生成素材图片

图 3-31　图生视频基础操作

点击生成视频，基于参考图生成的视频如图 3-32 所示。

图 3-32　即梦 AI 图生视频结果

3.3.5　利用首尾帧功能来生成视频

在即梦 AI 视频生成界面，打开"使用尾帧"按钮，上传保存好的两张不同构图的素材图片，输入补充的动作的提示词文案，调整运镜控制，如图 3-33 所示。

图 3-33　首尾帧功能基础操作

点击生成视频，利用首尾帧功能生成的视频如图 3-34 所示。

图 3-34　利用首尾帧功能生成视频结果

第 4 章

使用 AI 工具快速生成图片

　　本章将通过一个完整的国风文创设计案例，详细介绍如何使用 AI 工具生成可投入实际应用的图片，涉及主题构思、插画设计、插画图片生成以及最后文创产品应用的全过程。通过完成这个案例，读者将学习到利用 AI 工具快速生成高质量图片的方法、各个环节的关键技巧、前期内容策划、图片细节优化、图片的应用与展示等内容，并通过实用的方法和详尽的步骤，高效地完成创作。

4.1　让 Kimi 生成国风文创设计方案

4.1.1　主题、风格、文创产品策划

　　做一套国风插画文创产品，借助文本生成 AI 工具 Kimi（官网为 https://kimi. moonshot. cn/）来做具体内容策划，将制作文案的需求发给 Kimi，如图 4-1所示。

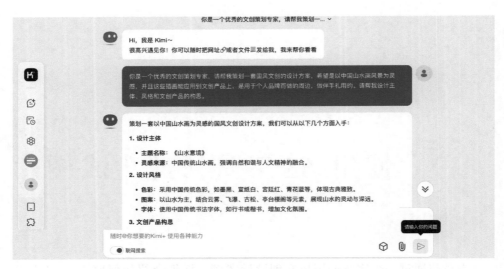

图 4-1　让 Kimi 做文创方案

根据 Kimi 撰写的文创设计方案，精简和保留需要的部分，如下。

1. 设计主体

主题名称：《山水意境》

灵感来源：中国传统山水画，强调自然和谐与人文精神的融合。

2. 设计风格

色彩：采用中国传统色彩，如墨黑、宣纸白、宫廷红、青花蓝等，体现古典雅致。

图案：以山水为主，结合云雾、飞瀑、古松、亭台楼阁等元素，展现山水的灵动与深远。

字体：使用中国传统书法字体，如行书或楷书，增加文化氛围。

3. 文创产品构思

产品类型：

● 文具系列：书签、冰箱贴、笔记本、钢笔等。

- 服饰系列：T 恤、围巾、帽子、帆布手提袋等。
- 家居用品：茶具、杯垫、抱枕、装饰画、地垫等。
- 饰品系列：手链、项链、耳环、胸针、挂件等。
- 数码配件：手机壳、平板保护套、耳机套等。

设计元素：
- 将山水画中的山、水、云、松等元素抽象化，设计成图案或纹理。
- 结合中国传统文化符号，如太极、八卦、龙凤等。

应用方式：
- 文具系列：封面采用山水画图案，内页可设计有山水图案的边框或背景。
- 服饰系列：在 T 恤或围巾上印制山水画图案，或将图案设计成刺绣形式。
- 家居用品：茶具上绘制山水图案，香炉可设计成山水形状。
- 饰品系列：将山水画元素设计成吊坠或手链的图案。
- 数码配件：手机壳上印制山水画图案，或设计成立体浮雕效果。

4. 包装设计
包装图案与产品图案相呼应，使用山水画元素作为包装的主要视觉。

5. 品牌故事
故事构建：围绕《山水意境》主题，构建一个关于自然、和谐与人文精神的品牌故事，让消费者在使用产品的同时，感受到中国传统文化的魅力。

4.1.2　系列国风插画内容设计

根据最终版的文创设计方案，让 Kimi 设计出系列插画的具体画面描述。撰写好需求后发送给 Kimi，如图 4-2 所示。

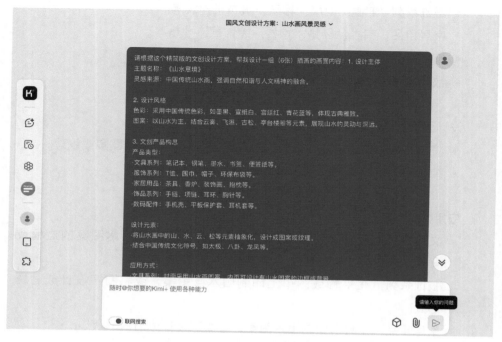

图 4-2　让 Kimi 设计插画的画面内容

Kimi 撰写的插画内容设计如下。

基于您提供的文创设计方案，以下是一组六张插画的画面内容构思：

插画 1：《山川云起》
画面内容：以连绵起伏的山脉为背景，山间云雾缭绕，展现出一幅宁静而深远的山水画卷。

插画 2：《水墨飞瀑》
画面内容：以飞瀑流泉为主题，水墨风格表现水的流动感和活力。

插画 3：《古松迎客》

画面内容：以苍劲的古松为中心，周围是淡淡的山水，表现出一种古朴和迎宾的意境。

插画 4：《亭台映月》

画面内容：以月夜下的亭台楼阁为画面，月光洒在水面上，营造出一种幽静的氛围。

插画 5：《龙凤呈祥》

画面内容：以龙凤图案为主，结合山水元素，表现出一种吉祥和谐的文化氛围。

插画 6：《太极流转》

画面内容：以太极图案为中心，周围环绕着山水和云雾，表现出宇宙万物的和谐统一。

4.2　使用抖音即梦 AI 生成国风插画

4.2.1　编写国风插画的提示词

1）从 Kimi 撰写的插画内容设计的结果中选出四张最合适的，将"画面内容"处的描述变成提示词文案。套用第 3 章中介绍的 AI 生成图片进阶提示词公式来撰写提示词文案，可以把提示词公式发给 Kimi，让 Kimi 来撰写画面内容描述，如图 4-3 所示。

图 4-3　让 Kimi 套用提示词公式撰写提示词框架

Kimi 根据提示词框架撰写的文案如下。

插画 1：《山川云起》

主体：连绵的山脉

细节描述：山峦层层叠叠，线条流畅

环境/背景：山间云雾缭绕，阳光透过云层洒下斑驳光影

风格：传统水墨画风，墨色深浅变化表现远近关系

情感：宁静深远，引人遐想

构图/镜头：全景视角，展现山川的宏伟与辽阔

图像设定：适合作为笔记本封面，传递自然之美

插画 2：《水墨飞瀑》

主体：飞瀑流泉

细节描述：水流从高处倾泻而下，溅起层层水花

环境/背景：周围是苍翠的山林，远处山峦隐约可见

风格：水墨画风格，强调水的流动感

情感：活力四射，生机勃勃

构图/镜头：中景，聚焦于瀑布的动态美

图像设定：高对比度，黑白，强烈光线，逆光

插画 3：《古松迎客》

主体：苍劲的古松

细节描述：古松枝干遒劲，枝叶茂盛

环境/背景：古松周围是淡淡的山水，远处山色空蒙

风格：复古风国画风格，用笔细腻，墨色浓淡相宜

情感：庄重沉稳，欢迎四方来客

构图/镜头：特写，突出古松的雄伟与生命力

图像设定：单色调，柔和色彩，柔和光线，阴影

插画 4：《亭台映月》

主体：月夜下的亭台楼阁

细节描述：亭台楼阁在月光下显得格外宁静

环境/背景：水面上倒映着月光，周围是朦胧的山水

风格：国风山水画，表现月夜的幽静

情感：宁静祥和，引人深思

构图/镜头：中远景，展现亭台与山水的和谐

图像设定：冷色调，低对比度，自然光，夜光

2）参考 AI 生成图片的"表 3-1　类目关键词对照表"中的关键词，对 Kimi 生成的内容做细微调整，统一风格描述并简化内容描述，调整后的提示词框架如下。

套用公式：主体+细节描述+环境/背景+风格+情感+构图/镜头+图像设定

插画 1：《山川云起》

主体：连绵的山脉

细节描述：山峰线条细腻，山上树木茂密

环境/背景：山间云雾缭绕，阳光透过云层洒下斑驳光影

风格：国风山水画

情感：宁静深远的

构图/镜头：全景俯拍

图像设定：柔和光线，整体为绿色调

插画 2：《高山飞瀑》

主体：高山瀑布

细节描述：水流从高处倾泻而下，溅起层层水花

环境/背景：周围是苍翠的山林

风格：国风山水画

情感：欢快的、激动的

构图/镜头：远景

图像设定：柔和光线，整体为绿色调

插画 3：《古松迎客》

主体：苍劲的古松

细节描述：古松枝干遒劲，枝叶茂盛

环境/背景：在悬崖峭壁上，古松周围是淡淡的山水，远处是一望无际的天空与漂亮的晚霞

风格：国风彩色山水画

情感：沉稳

构图/镜头：中景

图像设定：柔和色彩，柔和光线

插画 4：《亭台映月》
主体：亭台楼阁
细节描述：巨大而明亮的月亮在亭台楼阁之后
环境/背景：月夜下，水面上倒映着月光，周围是竹林和树影
风格：国风山水画
情感：宁静的
构图/镜头：长焦镜头
图像设定：冷色调，月光

3）根据提示词框架内容，整理成最终的提示词文案，如下。

插画 1：《山川云起》
提示词：国风山水画风格，连绵的山脉从近到远，山峰线条细腻，山上树木茂密，山间云雾缭绕，远处的阳光透过云层洒下斑驳光影，整个画面宁静而深远，全景俯拍视角，柔和明亮的光线，整体为柔和的绿色色调

插画 2：《高山飞瀑》
提示词：高山瀑布，水流从高处倾泻而下，溅起层层水花，水雾缭绕，周围是苍翠的树林，国风山水画风格，整个画面是欢快激动的氛围，远景构图能看到整个瀑布全貌，柔和明亮的光线，整体为柔和的绿色色调

插画 3：《古松迎客》
提示词：苍劲的古松枝干遒劲，枝叶茂盛，立在悬崖峭壁之上，在悬崖峭壁上，古松周围是淡淡的山水，远处是一望无际的天空与漂亮的晚霞，国风彩色山水画，整体氛围是沉稳的，中景视角，柔和色彩，柔和光线

插画 4：《亭台映月》
提示词：亭台楼阁，巨大而明亮的月亮在亭台楼阁之后，月夜下，水面上倒映着月光，周围是竹林和树影，国风山水画风格，宁静的环境氛围，长焦镜头，冷色调，月光效果

4.2.2 用即梦 AI 生成国风插画

1）在文本框中输入第一张插画《山川云起》的提示词文案，设置图片比例为 3：4，点击生成插画，如图 4-4 所示。

图 4-4 《山川云起》插画生成

2）点击图片下方的"局部重绘"功能按钮，进一步优化图片细节，如图 4-5 所示。

图 4-5 使用"局部重绘"功能修改插画

进入"局部重绘"功能界面，用画笔涂抹插画左下角的印章图案，输入替换内容的提示词文案"山和树木"，如图 4-6 所示。点击"立即生成"按钮，即可重新生成四幅插画，印章即被替换成与背景融合度较高的山峰和树木，如图 4-7 所示。

图 4-6　使用"局部重绘"功能把印章修改为山和树木

图 4-7　局部重绘后生成新的插画

　　3）从局部重绘后的结果中选出最满意的一张，点击图片左下角的"细节修复"功能按钮，然后再点击"超高清"功能按钮，生成最终版高清插画，如图 4-8 所示。

图 4-8　生成超高清版《山川云起》插画

　　4）运用同样的方法，让即梦 AI 生成其余三幅插画。《高山飞瀑》插画如图 4-9 所示，《古松迎客》插画如图 4-10 所示，《亭台映月》插画如图 4-11 所示。

图 4-9 《高山飞瀑》插画

图 4-10 《古松迎客》插画

图 4-11　《亭台映月》插画

4.3　利用图生图做图片风格迁移

做好了一套完整的插画作品后，如果要对图片的整体风格进行调整，或者想基于现有的图片拓展更多相似图，可以利用即梦 AI 的图生图的方法，也就是"参考图"功能，让 AI 模仿参考图的风格生成新的插画。

4.3.1　利用参考图做风格迁移

1）以国风系列插画中的第四幅插画《亭台映月》为例，需要把该插画换成另一种风格，因此在撰写新的文生图提示词时，先把原有插画提示词中关于风格描述的部分删去，提示词调整如下。

插画 4：《亭台映月》

原提示词：亭台楼阁，巨大而明亮的月亮在亭台楼阁之后，月夜下，水面上倒映着月光，周围是竹林和树影，国风山水画风格，宁静的环境氛围，长焦镜头，冷色调，月光效果

修改后的提示词：

亭台楼阁，巨大而明亮的月亮在亭台楼阁之后，月夜下，水面上倒映着月光，周围是竹林和树影，宁静的环境氛围，长焦镜头，冷色调，月光效果

2）点击即梦 AI "图片生成"功能文本框下方的"导入参考图"按钮，导入一张不同风格的图片，进入参考图功能选择界面，选择"图片风格"选项，如图 4-12 所示。

图 4-12 选择"参考图"功能中的"图片风格"选项

3）点击"保存"按钮，回到主界面，输入修改好的提示词，切换生图模型为"即梦 通用 XL Pro"模型，如图 4-13 所示。点击"立刻生成"按钮，即可迁移参考图的风格，并重新生成插画，如图 4-14 所示。

图 4-13　输入提示词并切换生图模型

图 4-14　风格迁移后生成新插画

4）选择一张满意的图片，参考 3.1.4 小节介绍的"局部重绘"功能使用方法进一步优化画面细节，然后点击图片下方的"超高清"功能按钮，生成最终版高清插画，如图 4-15 所示。

图 4-15　优化细节后生成最终的超高清插画

4.3.2　利用参考图生成更多相似图

1）以国风系列插画中的第三幅插画《古松迎客》为例，需要在原有的主体和风格基础上做相似图片拓展，因此不需要修改提示词，原有的提示词文案如下。

插画 3：《古松迎客》
提示词：苍劲的古松枝干遒劲，枝叶茂盛，立在悬崖峭壁之上，在悬崖峭壁上，古松周围是淡淡的山水，远处是一望无际的天空与漂亮的晚霞，国风彩色山水画，整体氛围是沉稳的，中景视角，柔和色彩，柔和光线

2）点击即梦 AI "图片生成"功能文本框下方的"导入参考图"按钮，导入之前做好的第三幅插画《古松迎客》，进入参考图功能选择界面，选择"图片风格"选项，把"参考程度"数值设置为"100"，如图 4-16 所示。

图 4-16　设置参考数值与选项

3）点击"保存"按钮后，回到主界面，输入插画《古松迎客》的提示词，切换生图模型为"即梦 通用 XL Pro"模型，点击"立刻生成"按钮即可在原有插画基础上，拓展相似风格的插画，如图 4-17 所示。

图 4-17　利用"参考图"功能生成相似插画

4）选择一张满意的图片，参考 3.1.4 小节介绍的"局部重绘"功能使用方法进一步优化画面细节，然后点击图片下方的"超高清"功能按钮，生成最终版高清插画，如图 4-18 所示。

图 4-18　利用"参考图"功能做相似风格拓展

4.4　国风插画图片的应用与拓展

4.4.1　文创产品中的插画应用

让 Kimi 撰写的方案中，关于文创产品部分的构思如下。

文创产品构思
产品类型：
- 文具系列：书签、冰箱贴、笔记本、钢笔等。

- 服饰系列：T恤、围巾、帽子、帆布手提袋等。
- 家居用品：茶具、杯垫、抱枕、装饰画、地垫等。
- 饰品系列：手链、项链、耳环、胸针、挂件等。
- 数码配件：手机壳、平板保护套、耳机套等。

参考 Kimi 设计的产品类型，把插画图片应用到文创产品之中。可以让设计师用设计工具（如 Photoshop 等）来制作产品效果图，也可以选择把图片发给制作厂家来制作效果图。以下是文创产品的案例展示。

1）制作国风插画冰箱贴，如图 4-19 所示。

图 4-19　冰箱贴

2）制作国风插画帆布手提袋，如图 4-20 所示。

3）制作国风插画亚克力杯垫，如图 4-21 所示。

图 4-20 帆布手提袋

图 4-21 亚克力杯垫

4）制作国风插画抱枕，如图 4-22 所示。

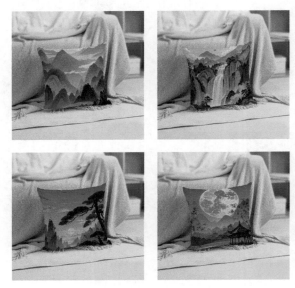

图 4-22　抱枕

5）制作国风插画装饰画，如图 4-23 所示。

图 4-23　装饰画

6）制作国风插画地垫，如图 4-24 所示。

图 4-24　地垫

7）制作国风插画手机壳，如图 4-25 所示。

图 4-25　手机壳

设计好的文创产品，均可以直接让工厂生产制作，投入到实际使用中。即使没有任何品牌策划能力和绘画基础，只要用好 AI 工具，依然能做一套自己的文创产品。

除了可以把 AI 生成的图片应用到文创插画设计中，还可以用 AI 做 IP 形象设计、logo 设计、海报设计以及个人写真定制。在工作中，还可以运用同样的方法，让 AI 生成新媒体配图、网站配图、PPT 配图等。

4.4.2 应用拓展：用阿里通义万相"虚拟模特"功能展示产品

做好了文创产品的展示图后，可以利用通义万相的"虚拟模特"功能更换 AI 模特和展示场景。注意，上传的商品图片必须要真人展示，确保商品的轮廓清晰便于 AI 识别。

使用"虚拟模特"功能的操作步骤如下。

1）进入阿里通义万相的"虚拟模特"功能页面，上传一张由真人展示的商品图，选择需要保留的商品选区，如图 4-26 所示。

图 4-26　选择保留的商品选区

2）点击"确认保留区域"按钮后回到主界面，点击"模特"功能板块，设置模特形象。可以选择女性或者男性模特形象，并自定义模特的特征，如图 4-27 所示。

图 4-27 设置模特形象

3）点击"背景"功能板块，设置商品展示的环境与背景。可以点击"预设背景"按钮，选择平台提供的 12 种背景环境，也可以点击"自定义背景"功能，输入提示词让 AI 绘制背景图，如图 4-28 所示。

4）点击"生成模特展示图"按钮后，在右侧图片生成界面可以查看到 AI 生成的不同场景中的商品图片，如图 4-29 所示。

图 4-28　设置商品展示背景

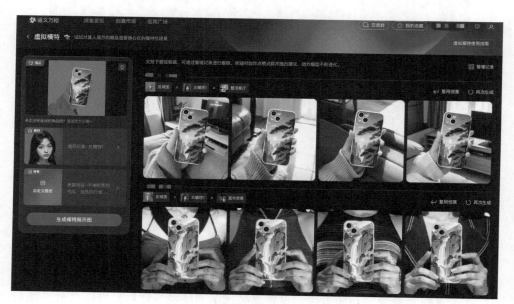

图 4-29　更换好模特和背景的商品图片

第 5 章

使用 AI 工具轻松创作音乐

本章将通过一个完整的播客节目配乐案例，详细介绍如何使用 AI 工具轻松创作音乐。从主题与风格设计、歌名撰写与优化，到使用 AI 音乐创作工具生成歌曲，再到音乐细节优化与内容调整，本章将全面展示 AI 音乐创作的全过程。读者将学习如何编写系列歌曲的提示词，利用不同的 AI 音乐工具生成高质量的音乐，并通过优化歌词和音乐细节来提升作品的表现力。此外，还将介绍如何保存和应用 AI 生成的音乐，帮助读者掌握从创作到应用的完整流程，轻松完成音乐创作。

5.1 让 Kimi 生成播客节目的配乐方案

5.1.1 音乐主题与风格设计

利用文本生成 AI 工具 Kimi 设计播客节目的配乐策划方案，让 Kimi 从主题、风格出发，设计节目的片头和片尾曲，如图 5-1 所示。

如果不满意，可以让 Kimi 多生成几个版本以供选择，如图 5-2 所示。

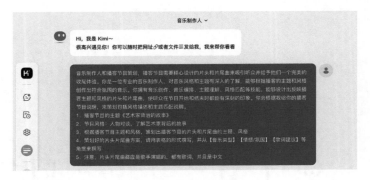

图 5-1　让 Kimi 做播客节目配乐策划

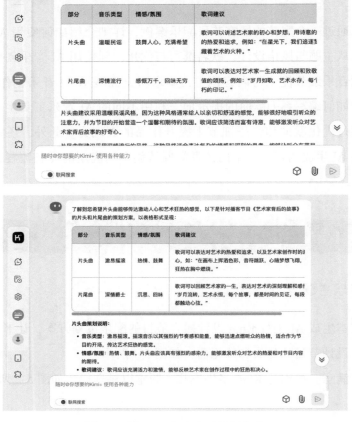

图 5-2　让 Kimi 多次生成策划方案

根据 Kimi 撰写的播客节目配乐策划方案，参考"3.2　AI 生成音乐提示词技巧"小节中的"表 3-4　歌词灵感关键词对照表"，并对文案稍作修改，见表 5-1。

表 5-1　片头和片尾曲策划方案

部分	音乐类型	情感/氛围	歌 词 建 议
片头曲	摇滚	热血、兴奋、愉快	歌词可以表达对艺术的热爱和追求，以及艺术家创作时的激情和决心，如"在画布上挥洒色彩，音符跳跃，心随梦想飞翔，艺术的狂热在胸中燃烧"
片尾曲	民谣	沉思、回味、励志	用深情的旋律和触动人心的歌词，回顾艺术家的一生和艺术成就，表达对艺术的深刻理解和感悟，如"岁月流转，艺术永恒，每个故事，都是时间的见证，每段旋律，都触动心弦"

Kimi 撰写的策划说明如下。

片头曲策划说明：

- 音乐类型：激昂摇滚。摇滚音乐以其强烈的节奏感和能量，能够迅速点燃听众的热情，适合作为节目的开场，传达艺术狂热的感觉。
- 情感/氛围：热情、鼓舞、愉快。片头曲应该具有强烈的感染力，能够激发听众对艺术的热爱和对节目内容的期待。
- 歌词建议：歌词应该充满活力和激情，能够反映艺术家在创作过程中的狂热和决心。

片尾曲策划说明：

- 音乐类型：民谣。民谣音乐以其简洁的旋律和深情的歌词著称，适合作为节目的结尾，给听众留下温暖的回忆和深刻的印象。

- 情感/氛围：沉思、回味、励志。片尾曲应该能够引导听众进行深入的思考和情感的沉淀。
- 歌词建议：歌词应该深刻且富有哲理，能够表达对艺术家一生的敬意和对艺术价值的深刻理解。

5.1.2　歌名撰写与优化

参考"3.2　AI 生成音乐提示词技巧"小节中的"表 3-3　歌名创作参考表"，创作片头曲和片尾曲的歌名。

可以继续把这部分工作交给 Kimi 来完成，把片头曲和片尾曲对应风格的示例和创作方法发给 Kimi，让 Kimi 来推荐合适的歌名，如图 5-3 所示。

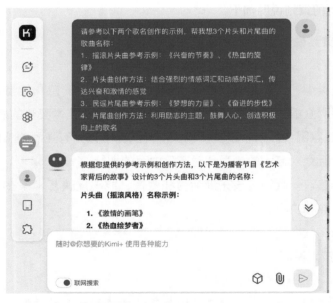

图 5-3　创作片头曲和片尾曲的歌名

Kimi 给到的歌名和创作说明如下。

片头曲名称示例：

《激情的画笔》

《热血绘梦者》

《艺术的心跳》

片尾曲名称示例：

《艺术之光》

《梦想的轨迹》

《梦与爱的旋律》

片头曲名称创作说明：

结合强烈的情感词汇（如"激情""心跳""梦想"）和动感的词汇（如"火焰""节拍""风暴"），以传达兴奋和激情的感觉，符合摇滚音乐的特点。

片尾曲名称创作说明：

利用沉思的主题（如"静谧""回忆""内心旅程"）和励志的词汇（如"希望""新篇章""未来"），创造一个积极向上的歌名。民谣音乐以其简洁的旋律、叙事性的歌词和真实的情感表达为特点，适合作为节目的结尾，带给听众温暖的回忆和深刻的印象。

从 Kimi 给的推荐中选择合适的片头曲和片尾曲标题，如下。

片头曲名称：《艺术的心跳》

片尾曲名称：《梦与爱的旋律》

5.2 用 AI 音乐创作工具生成歌曲

5.2.1 编写系列歌曲的提示词

参考 Kimi 撰写的配乐策划方案，并套用第 3 章中分享的 AI 生成音乐的万能提示词公式来撰写片头曲和片尾曲的提示词文案，如下。

套用公式：音乐类型+情感/氛围+歌名+歌词灵感

片头曲：

- 音乐类型：摇滚
- 情感/氛围：热血、兴奋、愉快
- 歌名：《艺术的心跳》
- 歌词灵感：在画布上挥洒色彩，音符跳跃，心随梦想飞翔，艺术的狂热在胸中燃烧

片尾曲：

- 音乐类型：民谣
- 情感/氛围：沉思、回味、励志
- 歌名：《梦与爱的旋律》
- 歌词灵感：岁月流转，艺术永恒，每个故事，都是时间的见证，每段旋律，都触动心弦

5.2.2 用昆仑万维天工 SkyMusic 生成"片头曲"

1）进入昆仑万维天工 SkyMusic 的创作主页，在右侧文本框内输入歌名，点击"AI 写整首"功能按钮，让 AI 根据歌名撰写歌词，如图 5-4 所示。

图 5-4　让 AI 根据歌名自动生成歌词

AI 根据歌名《艺术的心跳》生成的歌词如下。

《艺术的心跳》

[前奏]
[主歌]
我听见风的声音在天空飞过
像诗人的笔划破无边夜色
月光洒落在古老的城堡上
那是谁的梦想在远方闪耀

[副歌]
我们的故事还很长很长
就像这漫长的人生一样

无论前方有多少困难阻挡

也挡不住我们向往的方向

[主歌]

我在远方歌唱为梦想而流浪

把青春的热情装进行囊

虽然未来充满未知和迷茫

但我相信自己一定能够飞翔

[副歌]

让我们一起乘着歌声去飞翔

越过高山穿越海洋到远方

那里有最美的阳光最真的希望

还有那自由自在的生活模样

[副歌]

让我们一起乘着歌声去飞翔

穿过风雨拥抱彩虹在太阳下

那里是我们共同的理想天堂

　　由于歌词是 AI 根据歌名随机生成的，不太符合配乐方案中的创作要求，接下来对歌词做进一步修改和优化。

　　2）让 Kimi 按照配乐策划方案来修改歌词，把修改的要求和天工 SkyMusic 生成的歌词一并发给 Kimi，如图 5-5 所示。

图 5-5　让 Kimi 修改歌词

Kimi 给出的修改结果如下。

《艺术的心跳》

[前奏]
[主歌]
我听见风的声音在天空飞过
像诗人的笔划破无边夜色
月光洒落在古老的城堡上
那是谁的梦想在远方闪耀

[副歌]
我们的故事还很长很长
就像这漫长的人生一样

无论前方有多少风暴阻挡

激情的火焰在心中燃烧

[主歌]

我在远方歌唱为梦想而流浪

把青春的心跳装进行囊

虽然未来充满未知和迷茫

但我相信自己一定能飞翔

[副歌]

让我们一起随着节拍去飞翔

越过高山穿越海洋到远方

那里有最美的阳光最真的希望

还有那自由自在的生活模样

[副歌]

让我们一起随着节拍去飞翔

穿过风雨拥抱彩虹在太阳下

那是我们共同的理想天堂

　　3）将修改好的歌词粘贴到右侧歌词框中，并根据提示词选择歌曲的"音乐类型"和"情感/氛围"，如图 5-6 所示。

　　注意，不同的 AI 音乐工具所包含的"音乐类型"和"情感/氛围"的选项会有所不同，如果提示词文案中关于风格的关键词不在选项中，可以选择风格相近的选项。

　　4）在"我的作品"中下载保存歌曲，如图 5-7 所示。

图 5-6 选择歌曲的"音乐类型"与"情感/氛围"

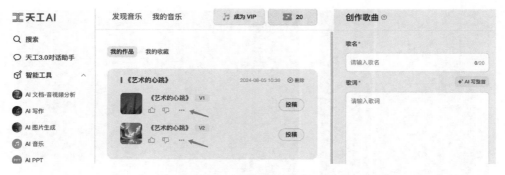

图 5-7 下载保存歌曲

5.2.3 用网易天音生成"片尾曲"

1）进入网易天音"AI 一键写歌"创作主页，点击"写随笔灵感"功能按钮，在文本框中输入片尾曲《梦与爱的旋律》提示词中的"歌词灵感"文案，如图 5-8 所示。

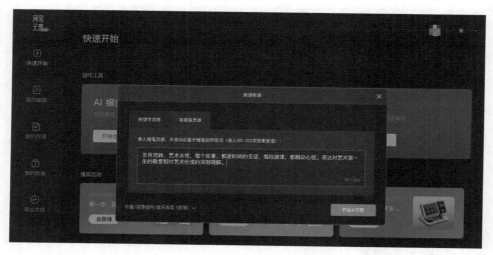

图 5-8 输入"歌词灵感"开始创作歌曲

2）点击"开始 AI 写歌"按钮生成歌曲并进入创作界面，点击右侧歌词栏下方的"AI 划词辅助"功能按钮，修改优化歌词文案，如图 5-9 所示。

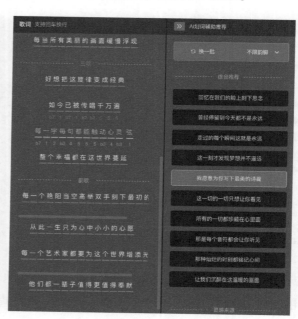

图 5-9 用"AI 划词辅助"功能修改优化歌词文案

优化好的歌词如下。

《梦与爱的旋律》

[主歌]
让艺术的篇章铭刻心间
每个瞬间都值得纪念
时光虽在不停地流转再流转
那种温暖都在这个世界蔓延

[副歌]
艺术的梦想永远铭刻心田，映在我们的心间
那种温暖的光芒就像留在昨天
人生旅途短暂在旅程尽头也会精彩展现
每当所有美丽的画面缓慢浮现

[主歌]
让艺术的篇章铭刻心间
时光虽然在不停地流转
从此这一生只为心中的信念
艺术梦想都在这世界蔓延

[副歌]
每次激情挥洒灵感迸发阳光洒满最初的誓言
从此一生只为心中小小的愿望
每一位艺术家都要为整个世界增添色彩
他们一辈子的奉献都值得被尊敬

修改好歌词后，点击菜单栏的"试听"按钮试听歌曲效果。

3）调整 AI 伴奏。点击上方菜单栏的"切换风格"按钮，进入"选择编曲风格"界面，并根据提示词调整歌曲的"风格类型"为"乡村民谣"，如图 5-10 所示。

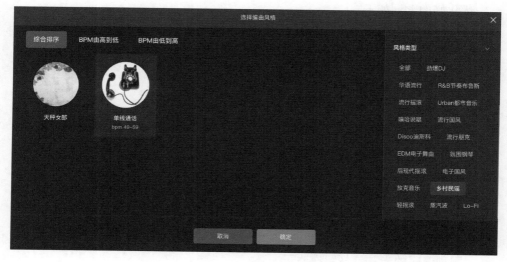

图 5-10　选择编曲风格

4）调整 AI 人声。点击上方菜单栏的"切换歌手"按钮，选择适合演唱民谣曲风的歌手，如图 5-11 所示。

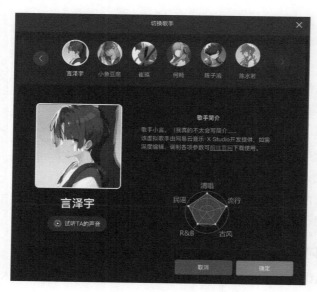

图 5-11　切换演唱歌手

5）保存歌曲。点击右上角"导出"按钮，输入导出文件的名称（即歌名），点击"导出"按钮，即可导出完整歌曲，如图 5-12 所示。

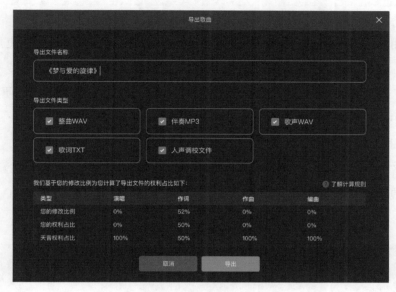

图 5-12　导出歌曲

已完成的歌曲可以在"导出文件"栏中查看，如图 5-13 所示。

图 5-13　已完成的歌曲

5.3   应用拓展：歌曲的格式转化

使用网易天音创作的歌曲可以直接导出 WAV 音频格式，而使用天工 SkyMusic 创作的歌曲，免费版只可导出 MP4 视频格式。在音乐使用中，可以利用剪辑工具如剪映，把 MP4 视频格式导出为 MP3 或 WAV 音频格式，便于在各类场景中应用歌曲，操作方法如下。

1）打开视频编辑工具剪映，点击"开始创作"按钮进入编辑界面，点击左上角的"导入"按钮，导入天工 SkyMusic 创作的片头曲《艺术的心跳》，并将文件拖拽至下方时间轴上，如图 5-14 所示。

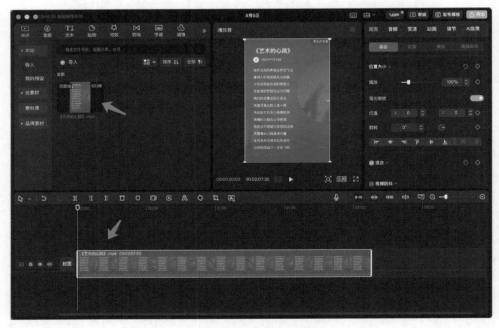

图 5-14   在剪映中导入片头曲

2）点击右上角的"导出"按钮，勾选"音频导出"选项，选择 MP3 或者 WAV 音乐格式，点击"导出"按钮，即可将视频格式的歌曲转换为音频格式，如图 5-15 所示。

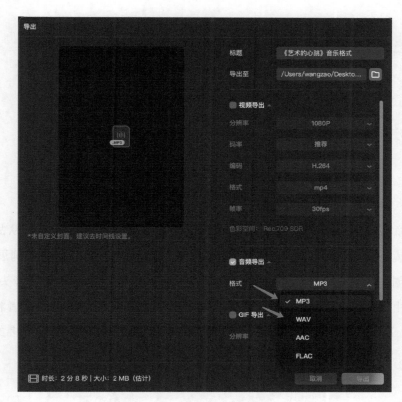

图 5-15　导出音频格式

第 6 章

使用 AI 工具生成
高质量视频

本章将详细介绍如何使用 AI 工具快速生成高质量的视频作品。从故事创作、分镜头脚本编写，到生成视频的各个环节，通过一个完整的案例展示 AI 在视频创作中的强大功能。读者将学习到如何使用 AI 撰写故事和分镜头脚本，如何使用 AI 生成儿童故事绘本视频。通过这一完整流程的学习，读者将掌握利用 AI 工具进行视频创作的核心技巧与方法，为未来的创作提供更多的灵感和便利。

6.1　用 Kimi 撰写故事与分镜头脚本

6.1.1　让 Kimi 撰写绘本故事

利用文本生成工具 Kimi 撰写一个主角是小狐狸的绘本故事，如图 6-1 所示。

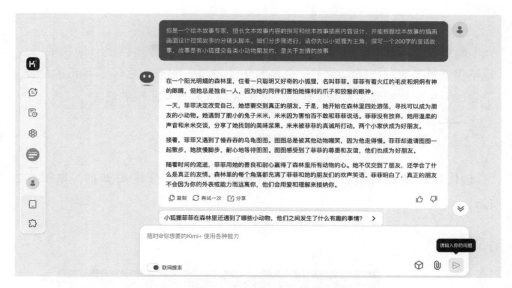

图 6-1　让 Kimi 撰写绘本故事

　　根据 Kimi 撰写的故事内容，稍作整理后的文案如下。

《菲菲的好朋友》

　　在一个阳光明媚的森林里，住着一只聪明又好奇的小狐狸，名叫菲菲。菲菲有着火红的毛皮和炯炯有神的眼睛，但她总是独自一人，因为她的同伴们都害怕她。

　　一天，菲菲决定改变自己，她想要交到真正的朋友。于是，她开始在森林里四处游荡，寻找可以成为朋友的小动物。她遇到了胆小的兔子米米，米米因为害怕而不敢和菲菲说话。菲菲没有放弃，她用温柔的声音和米米交谈，分享了她找到的美味浆果，两个小家伙成为好朋友。

　　接着，菲菲又遇到了慢吞吞的乌龟图图。图图总是被其他动物嘲笑，因为他走路很慢。菲菲却邀请图图一起散步，她放慢脚步，耐心地等待图图。图图感受到了菲菲的尊重和友谊，他们也成为好朋友。

　　随着时间的流逝，菲菲用她的善良和耐心赢得了森林里所有动物的心。她不仅交到了朋友，还学会了什么是真正的友情。菲菲明白了，真正的朋友不会因为你的外表或能力而远离你，他们会用爱和理解来接纳你。

6.1.2　使用 Kimi 制作分镜头脚本

　　创作好故事内容后，让 Kimi 根据故事文案制作分镜头脚本，如图 6-2所示。

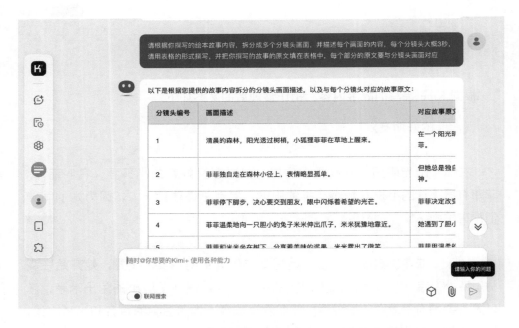

图 6-2　让 Kimi 根据绘本故事内容制作分镜头脚本

　　根据 Kimi 制作的分镜头脚本，稍作修改和完善，整理好最终的绘本故事脚本设计，见表 6-1。

表 6-1　绘本故事分镜头脚本

分镜头编号	画 面 描 述	对应故事原文
1	一只蝴蝶在森林中	在一个阳光明媚的森林里
2	清晨的森林，阳光透过树梢，小狐狸菲菲在草地上醒来	住着一只聪明又好奇的小狐狸，名叫菲菲
3	菲菲独自走在森林小径上	但她总是独自一人，因为她的同伴们都害怕她
4	菲菲走到了一片长满蘑菇的树林里	一天，菲菲决定改变自己，她想要交到真正的朋友
5	菲菲缓慢走在蘑菇丛中	于是，她开始在森林里四处游荡，寻找可以成为朋友的小动物
6	菲菲和胆小的兔子米米在一起	她遇到了胆小的兔子米米，米米因为害怕而不敢和菲菲说话
7	菲菲给小兔子米米分享浆果	菲菲没有放弃，她用温柔的声音和米米交谈，分享了她找到的美味浆果，两个小家伙成为好朋友
8	在小河边，菲菲遇到了乌龟图图	接着，菲菲又遇到了慢吞吞的乌龟图图。图图总是被其他动物嘲笑，因为他走路很慢
9	菲菲和图图一起散步，菲菲等待着图图	菲菲却邀请图图一起散步，她放慢脚步，耐心地等待图图。图图感受到了菲菲的尊重和友谊，他们也成为好朋友
10	菲菲正在它的树洞房子里写日记	随着时间的流逝，菲菲用她的善良和耐心赢得了森林里所有动物的心
11	空镜头，草地上的野花被风吹着摇晃着	她不仅交到了朋友，还学会了什么是真正的友情
12	夜晚，菲菲正在篝火旁	菲菲明白了，真正的朋友不会因为你的外表或能力而远离你
13	夜晚美丽的星空	他们会用爱和理解来接纳你

6.2　让即梦 AI 生成分镜头视频

6.2.1　用即梦 AI 生成故事主角形象

1）设计绘本故事主角小狐狸菲菲形象，套用 AI 生成图片提示词公式来撰写提示词文案，如下。

套用公式：主体+细节描述+环境/背景+风格+情感+构图/镜头+图像设定

提示词：

一只红色的小狐狸，大大的眼睛，圆圆的脑袋，纯色的背景，绘本插画风格，小狐狸全身全景构图，光线柔和，色彩明亮

2）在文本框中输入提示词文案，设置图片比例为 3：4，点击生成图片，如图 6-3 所示。

图 6-3　用即梦 AI 生成故事主角形象

3）从生成结果中选出一张最合适的图片，分别点击"细节修复"与"超高清"功能按钮，生成最终版主角形象图片，如图 6-4 所示。

图 6-4　生成高清版主角图片

6.2.2　把分镜头故事描述转化为提示词

绘本故事需要主角一致性，因此，可利用 AI 生成角色一致性的分镜头插画图片，再利用即梦 AI 的"图生视频"功能来制作视频。

根据"表 6-1　绘本故事分镜头脚本"中画面的描述，撰写不包含主角的分镜头提示词，套用 AI 生成视频提示词公式来撰写提示词文案。如下。

套用提示词公式：主体+细节描述+环境/背景+运动+风格+情感+镜头语言+构图/镜头+光影/色调

分镜头 1 提示词：
一只美丽的蝴蝶，在森林中扇动翅膀，温暖的氛围，镜头慢慢推远，暖色调，卡通动画风格分镜头 11 提示词：

草地上的野花被风吹着摇晃着，在森林之中，向右移动镜头，明亮的色彩，卡通动画风格

分镜头 13 提示词：

夜晚美丽的星空，远处连绵的山脉，天空中的云朵飘动，向上移动镜头，深蓝色色调，卡通动画风格

根据"表 6-1　绘本故事分镜头脚本"中画面的描述，撰写包含主角的分镜头插画提示词，套用 AI 生成图片的提示词公式来撰写提示词文案。如下。

套用提示词公式：主体+细节描述+环境/背景+风格+情感+构图/镜头+图像设定

分镜头 2 提示词：

一只红色的小狐狸，趴在森林中的草地上，阳光穿透树梢，树叶轻轻飘落，温暖的氛围，特写镜头，绘本插画风格

分镜头 3 提示词：

小狐狸走在森林小路上，表情是悲伤难过的，周围全是高高的大树，绘本插画风格，整个画面都是阴郁的氛围

分镜头 4 提示词：

小狐狸走在森林中，周围都是巨大的彩色蘑菇，小狐狸非常的开心，周围是静谧的，柔和的光线，绘本插画风

分镜头 5 提示词：

小狐狸走在一片长满彩色蘑菇的树林里，小狐狸欣喜的感觉，对称构图，高对比度，逆光效果，绘本插画风

分镜头 6 提示词：

一只可爱的小白兔和一只小狐狸，在森林之中，周围都是蘑菇，绘本插画风格，温馨的氛围，紧凑构图，柔和光线

分镜头 7 提示词：

一只小白兔和一只小狐狸在一起，地上摆满了各种浆果，在森林之中，周围都是蘑菇，绘本插画风格

分镜头 8 提示词：

一只小狐狸和一只小乌龟，正在小河边，周围是茂密的草丛，明亮的自然光线，绘本插画风格

分镜头 9 提示词：

一只小狐狸和一只乌龟，正在森林里，路边开满鲜花，明亮的自然光线，绘本插画风格，紧凑构图

分镜头 10 提示词：

小狐狸正在树洞里写日记，树洞被葡萄藤围绕，梦幻的氛围，大光圈镜头，绘本插画风格

分镜头 12 提示词：

狐狸坐在篝火旁边，背后是一个被葡萄藤围绕的树洞，火焰的光照亮整个画面，高对比度，绚丽的光线，神秘的氛围，绘本插画风格

6.2.3　用即梦 AI 生成分镜头视频

不包含主角的"分镜头 1""分镜头 11"和"分镜头 13"用即梦 AI 的"文生视频"功能来制作，其他包含主角的分镜头，为保证主角一致性，采用即梦

AI 的"图生视频"功能来制作。

1. 用"文生视频"功能制作分镜头视频

1）在文本框中输入"分镜头 1"的提示词文案，调整"运镜控制"和"视频比例"，如图 6-5 所示。

图 6-5　输入视频生成提示词与视频参数

2）点击生成视频下方的"提升分辨率"按钮生成高清视频，并下载保存高清视频，如图 6-6 所示。

3）采用同样的方法，生成"分镜头 11"和"分镜头 13"的视频，如图 6-7 所示。

图 6-6　用"提升分辨率"功能生成高清视频

图 6-7　用"文生视频"功能生成视频

2. 用"图生视频"功能制作分镜头视频

1）点击"导入参考图"按钮，导入小狐狸菲菲的形象图片，输入"分镜头2"的提示词文案，调整"图片比例"为 16∶9，如图 6-8 所示。

图 6-8　利用"导入参考图"功能生成"分镜头 2"画面插画

2）从右侧结果栏中选择一张最合适的图片，点击"超高清"功能按钮，生成高清图片，如图 6-9 所示。

3）下载保存高清版的"分镜头 2"插画，如图 6-10 所示。

图 6-9　生成高清图片

图 6-10　保存"分镜头 2"高清图片

4）运用同样的方法，生成剩余的 10 张分镜头插画，如图 6-11 所示。

图 6-11　用同样方法生成其他分镜头插画

注意，使用同一主角生成多个画面效果，可以在即梦 AI 的"故事创作"功能面板中进行，这个功能面板集合了"图片生成"和"视频生成"的所有功能（操作方法也是相同的），并且能够同时看到多个分镜头的画面。这里为了更好地展现单个视频制作的方法和详细步骤，这部分演示过程用是"图片生成"与"视频生成"的常规功能面板做演示的。

接下来的分镜头视频制作，采用即梦 AI 的"故事创作"界面做演示，虽然所在功能界面不同，但是操作方法和原理都是一致的，读者可以按需选择。

6.3　使用即梦 AI 的"故事创作"功能辅助生成视频

6.3.1　利用"图生视频"功能将分镜头插画生成视频

1）根据"表 6-1　绘本故事分镜头脚本"中画面的描述与已经生成好的分镜头插画，撰写视频生成的提示词。套用 AI 生成视频提示词公式，在 AI 生成插画的提示词基础上做补充和修改，撰写生成视频的提示词文案，如下。

> 套用提示词公式：主体+细节描述+环境/背景+运动+风格+情感+镜头语言+构图/镜头+光影/色调
>
> 分镜头 2 提示词：
> 一只红色的小狐狸，趴在森林中的草地上，缓慢睁开双眼，阳光穿透树梢，树叶轻轻飘落，温暖的氛围，特写镜头，卡通动画风格，超高清，向下移动镜头，幅度小
>
> 分镜头 3 提示词：
> 小狐狸在森林小路上，皱着眉头，表情难过，卡通动画风格，超高清，丰富的细节，整个画面都是阴郁的氛围，向左移动镜头，幅度小
>
> 分镜头 4 提示词：
> 小狐狸走在森林中，周围都是巨大的彩色蘑菇，蘑菇摇晃，树叶随风飘

落，小狐狸开心地笑着，摇晃着尾巴，阳光的光线闪烁，卡通动画风格，变焦推进，幅度小

分镜头 5 提示词：
小狐狸走在一片长满彩色蘑菇的树林里，小狐狸开心地笑着，高对比度，逆光效果，卡通动画风格，变焦拉远，幅度小

分镜头 6 提示词：
一只可爱的小白兔和一只小狐狸，蝴蝶在天上扇动着翅膀，周围的大树随风摇晃，向右移动镜头，幅度小，卡通动画风格

分镜头 7 提示词：
一只小白兔看着小狐狸，小狐狸开心地笑着，地上摆满了各种浆果，周围的大树随风摇晃，向右移动镜头，幅度小，卡通动画风格

分镜头 8 提示词：
一只小狐狸看着一只小乌龟，河水流动，水面波光粼粼，周围是茂密的草丛，明亮的自然光线，向下移动镜头，幅度小，卡通动画风格

分镜头 9 提示词：
乌龟正爬向狐狸，在森林里，路边开满鲜花，明亮的自然光线，变焦拉远，幅度小，卡通动画风格

分镜头 10 提示词：
小狐狸正在树洞里写日记，树洞被葡萄藤围绕，梦幻的氛围，变焦推进，幅度小，卡通动画风格

分镜头 12 提示词：
狐狸坐在篝火旁边，背后是一个被葡萄藤围绕的树洞，篝火火焰闪烁，光照亮整个画面，变焦推进，幅度小，卡通动画风格

2）进入即梦 AI 的"故事创作"功能界面，导入 13 个分镜头素材，如图 6-12 所示。导入素材后进入创作界面，如图 6-13 所示。

图 6-12　批量导入分镜头素材

图 6-13　故事创作编辑界面

3）点击"分镜 2"下方的"图转视频"按钮后，在左上方"视频生成"文本框中输入提示词文案，并在下方菜单栏中调整镜头运镜参数，如图 6-14 所示。

图 6-14　故事创作编辑界面

4）生成视频后，点击上方"视频延长"按钮，选择延长的秒数和需要延长画面和动作的描述词，如图 6-15 所示。

图 6-15　延长视频时长

5）如果觉得视频不够流畅，可以点击上方的"视频补帧"功能按钮，调整帧率为"24 FPS"或者更高，如图 6-16 所示。

图 6-16 用"视频补帧"功能提升视频流畅度

6）点击视频上方的"视频超清"功能按钮，生成高清版视频，如图 6-17 所示。

图 6-17 生成高清版视频

7）运用同样的图生视频的方法，完成其他分镜头视频的生成。

注意，并不是每个视频都需要补帧和做视频延长，根据生成视频的效果和整个画面对应的故事脚本的长度来决定要不要对视频进行调整。如果对生成的结果不满意，可以重新生成，或者在右侧素材中点击选用其他版本的素材。

6.3.2　借助"尾帧"功能稳定视频画面

在图生视频的过程中，画面中的物体运动时容易出现很多错误，如图 6-18 所示，使用"分镜头 9"插画图片生成的视频，在视频末尾处，小乌龟的头部发生了变形。

图 6-18　生成的视频发生错误

这时候，可以借助"尾帧"功能，来稳定运动后物体的形态。

点击左边工具栏中的"使用尾帧"按钮，上传这张分镜头插画，让首帧和尾帧保持一致，如图 6-19 所示。

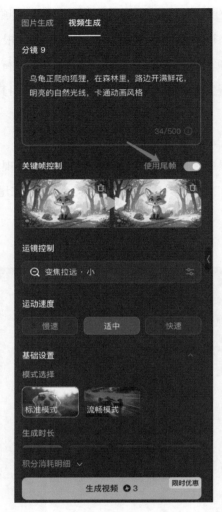

图 6-19 "使用尾帧"功能辅助生成视频

6.3.3 预览和导出视频

1）生成所有分镜头视频后，点击下方的播放按钮，预览完成版视频，如图 6-20 所示。

2）点击右上角"导出"按钮，导出做好的视频成片，如图 6-21 所示。

图 6-20　预览视频

图 6-21　导出视频

　　为了方便做后期剪辑，在导出视频时，可以选择"批量导出素材"，将所有单个分镜头视频保存到本地。

第 7 章
使用 AI 工具高效剪辑视频

本章将通过使用剪映和度加创作工具这两个具备 AI 功能的视频制作工具，介绍如何高效地编辑和优化视频，从录制人声讲解到自动匹配字幕、添加背景音乐，再到导出最终的视频作品。本章将帮助读者在短时间内完成高质量的视频剪辑，充分利用 AI 的强大功能，高效完成视频的剪辑与制作。

7.1 用剪映的 AI 功能剪辑视频

7.1.1 录制人声讲解绘本故事

以绘本故事的视频作为案例，在用 AI 制作好绘本故事视频素材后，可以利用视频编辑工具剪映来增加旁白朗读音，用人声来讲解绘本故事。

使用剪映专业版的操作步骤如下。

1）打开剪映专业版，导入视频，点击中间工具栏中的"录音"按钮，录制《菲菲的好朋友》故事内容，如图 7-1 所示。

注意，录制时最好使用耳机，并在安静的环境下，保证声音的清晰。点击红色录制按钮，即可开始音频录制，如图 7-2 所示。勾选"回音消除"功能，可以提高音频的质量。

图 7-1　录制绘本故事音频

图 7-2　点击红色录制按钮录制音频

2）剪辑录制好的音频，点击选中音频轨道，再点击左侧菜单栏中的"分割"
工具，对录制好的音频进行剪辑，调整位置来匹配对应的视频画面，如图 7-3 所示。

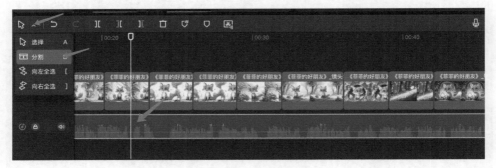

图 7-3　剪辑音频

7.1.2　使用"智能字幕"功能自动匹配字幕

1）点击上方菜单栏中的"文本"功能按钮，再点击"智能字幕"，选择
"文稿匹配"功能，如图 7-4 所示。

图 7-4　"文稿匹配"功能

2）点击"开始匹配"按钮，把绘本故事的文案粘贴进文稿框中，点击"开
始匹配"按钮，如图 7-5 所示。

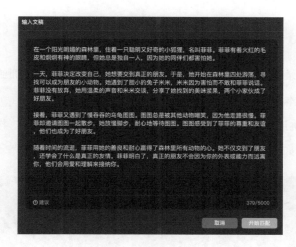

图 7-5　自动匹配字幕

3）自动生成字幕后，可以对字幕的文本内容、字体、字号、大小、颜色、位置等参数进行调整，如图 7-6 所示。

图 7-6　调整字幕参数

7.1.3 使用 AI 语音朗读绘本故事

如果觉得用录制声音来朗读故事比较麻烦，还可以用 AI 训练一个自己的克隆音色来朗读绘本故事。

1）在下方轨道中点击选中字幕后，点击右上角的"朗读"按钮，选择"克隆音色"功能，如图 7-7 所示。

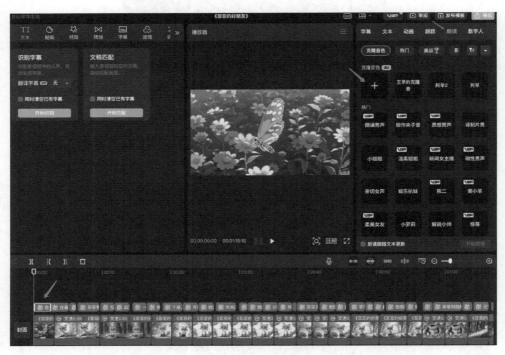

图 7-7　克隆音色功能

2）点击"+"按钮，可以训练自己的克隆声音。克隆完成后会在右侧出现克隆好的声音，如图 7-8 所示，选择好克隆音后点击"开始朗读"按钮，即可完成字幕的语音朗读。

3）全选所有的字幕，选择克隆音色，点击"开始朗读"按钮，可以批量完成克隆音色朗读，如图 7-9 所示。

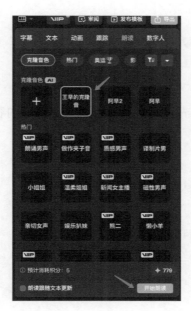

图 7-8 用克隆音朗读绘本故事

图 7-9 批量使用克隆音色

7.1.4　为绘本故事插入主题曲与背景音乐

1. 用昆仑万维天工 SkyMusic 创作故事主题曲

1）让 Kimi 根据绘本故事的内容撰写歌词，歌词内容如下。

[前奏]
[主歌]
在那阳光明媚的森林里
有只小狐狸叫菲菲
她的毛皮像火焰一样红
但她总是孤单无人陪

[副歌]
菲菲，菲菲，你别怕
真心的朋友在你身旁
用温柔的话语和真诚的心
友谊的花朵会绽放光芒

[主歌]
她遇见胆小的小兔米米
用甜甜的浆果换来微笑
又陪着乌龟图图慢慢走
不在意时间，只想让他好

[副歌]
菲菲，菲菲，你别怕
真心的朋友在你身旁
用善良的行动和耐心的手
友谊的力量最坚强

[Bridge]

菲菲的朋友越来越多

他们一起欢笑，快乐更多

不再孤单，不再害怕

因为友情在心中扎根发芽

[副歌]

菲菲，菲菲，你是最棒的

森林里的朋友都爱你

用爱和理解建起桥梁

友谊的歌声传遍每个地方

2）用天工 SkyMusic 创作歌曲，如图 7-10 所示。

图 7-10　用天工 SkyMusic 创作绘本故事主题曲

2. 用网易天音制作背景纯音乐

1）使用网易天音"AI 一键写歌"功能生成歌曲，如图 7-11 所示。

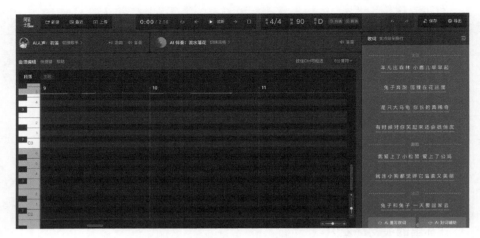

图 7-11　用网易天音创作背景音乐

2）在"导出"文件界面，在下载选项中选择"伴奏"按钮，如图 7-12 所示。下载没有人声的伴奏纯音乐作为绘本故事的背景音乐。

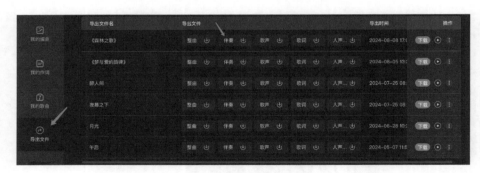

图 7-12　下载伴奏

3. 用剪映给视频插入音乐

1）将网易天音上下载的伴奏音频导入剪映，点击"添加"按钮，将音频添加到下方的编辑轨道中作为视频的背景音乐，如图 7-13 所示。

2）适当降低音量，防止背景音乐遮盖朗读音，鼠标点击音频上的音量调节线，可上下拉动调节音量大小，或者在右上角调节栏中调整音量数值来调节背景音乐的音量大小，如图 7-14 所示。

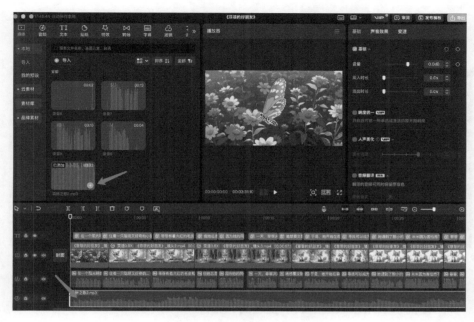

图 7-13　在剪映中添加背景音乐

图 7-14　调节背景音乐的音量

3）剪辑背景音乐的长度，并删除多余部分，使音乐长度与视频长度保持一致，如图 7-15 所示。

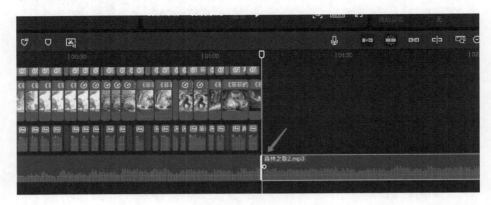

图 7-15　剪辑背景音乐长度

4）在视频末尾导入绘本故事主题曲，如图 7-16 所示。

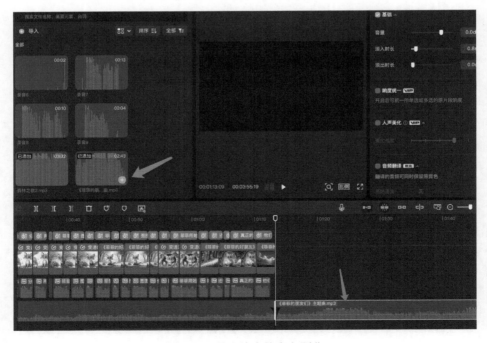

图 7-16　导入绘本故事主题曲

5）在主题曲所在的轨道上方添加绘本的分镜头视频，让主题曲音乐与画面匹配，如图 7-17 所示。

图 7-17　在轨道中添加分镜头视频素材

6）为主题曲添加歌词字幕。点击上方菜单栏中的"文本"按钮，选择"识别歌词"功能，选择字幕语言为"中文"，点击"开始识别"按钮为主题曲添加歌词字幕，如图 7-18 所示。自动匹配好歌词后如图 7-19 所示。

图 7-18　为主题曲匹配歌词字幕

图 7-19　自动匹配好歌词字幕的效果

7.1.5　制作封面并导出视频

1）用剪映制作视频封面，点击下方轨道左侧的"封面"按钮，设置制作视频封面，如图 7-20 所示。选择视频中的一帧作为封面背景，再点击"去编辑"按钮进入封面设计界面，选择合适的模板来制作封面，如图 7-21 所示。

图 7-20　设置视频封面

图 7-21　封面设计

2）点击右上角的"导出"按钮，编辑文件名并设置视频格式参数，最后点击"导出"按钮即可导出完整版视频。视频的导出参数设置如图 7-22 所示。

图 7-22　导出视频

7.2　用度加创作工具高效制作视频

7.2.1　用 AI 生成视频的口播文案

1. 让 Kimi 撰写视频的口播文案

做一条关于"如何快速提升 AI 工具的应用能力"的知识类口播视频，让 Kimi 根据所给的文案素材内容来撰写视频的口播文案，如图 7-23 所示。

Kimi 根据所给的文案素材撰写口播文案如下。

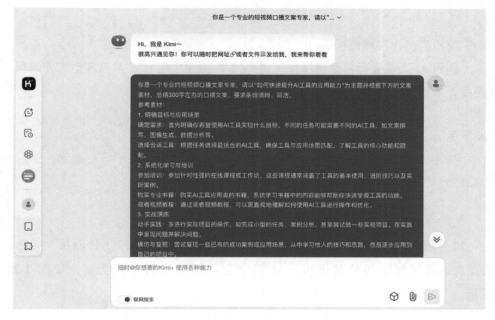

图 7-23　让 Kimi 撰写视频口播文案

如何快速提升 AI 工具的应用能力？这五个步骤帮你轻松搞定。

第一，明确你的目标与应用场景。

了解自己要解决的问题，比如文案撰写、图像生成或数据分析，然后选择最合适的 AI 工具。这样才能事半功倍。

第二，进行系统化学习与培训。

参加在线课程或工作坊，学习 AI 工具的基本操作和进阶技巧。阅读专业书籍和观看视频教程，能够帮助你全面掌握工具的功能。

第三，实战演练。

动手实践是提升技能的关键，复现成功案例，逐步应用到自己的项目中。在实践中，你会发现并解决很多实际问题。

第四，优化工作流程。

利用 AI 工具进行自动化操作，提高效率，同时将 AI 工具与其他工作流程整合，形成高效的工作链条。

第五，保持持续学习。

关注 AI 领域的前沿动态，更新技能，确保自己始终处于行业前沿。通过这五步，快速提升你的 AI 工具应用能力！

2. 用度加创作工具的"提取文案"功能提取口播文案

1）打开度加创作工具，在"AI 成片"功能界面中点击"上传链接"按钮，将图文或者视频链接粘贴进去，AI 将会自动提取素材中的文案，如图 7-24 所示。

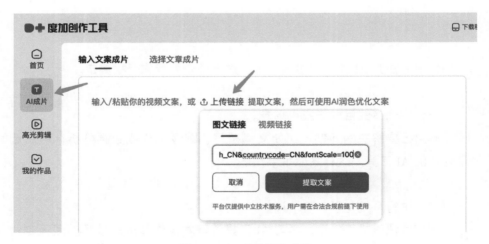

图 7-24　AI 自动提取文案

2）提取好文案后，可以点击文本框下方的"AI 缩写"按钮让 AI 精简文案内容，如图 7-25 所示。

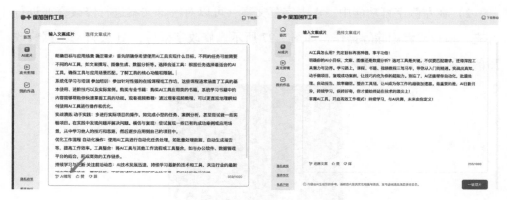

图 7-25　AI 缩写文案

7.2.2　用度加创作工具一键将文稿生成视频

1）确定好最终的视频口播文案后，点击文本框下方的"一键成片"按钮，AI 便会根据文案内容自动匹配视频素材，然后进入视频编辑界面，如图 7-26 所示。

图 7-26　视频编辑界面

2）在左侧字幕功能中，点击字幕文案，可以对字幕文案进行修改，如进行补充、换行或者删除等操作，如图 7-27 所示。修改字幕后，AI 会自动根据修改后的文案调整匹配的视频素材。

图 7-27　修改调整字幕文案

3）调整好字幕后，点击右侧视频播放键即可预览视频，如图 7-28 所示。

图 7-28　预览视频效果

7.2.3　替换视频素材

1. 使用"智能推荐"功能替换视频素材

点击下方轨道中需要替换的视频素材，再点击视频左上角的"智能推荐"小图标，AI 便会推荐类似或者相关视频素材，点击推荐的视频，即可自动完成视频替换，如图 7-29 所示。

图 7-29　利用"智能推荐"功能替换视频素材

如果对"相关推荐"中的视频素材不满意，还可以点击右侧的"搜索素材"功能按钮，进入搜索界面，在搜索文本框中输入想查找的视频素材的关键词，搜索更多素材，如图 7-30 所示。

图 7-30　搜索视频素材

2. 上传本地图片或者视频素材

除了可以使用在线的素材，还可以导入本地的素材。在"智能推荐"功能中点击"添加素材"，或者在左侧工具栏的"素材库"中选择"本地素材"，都可以上传本地的素材，如图 7-31 所示。

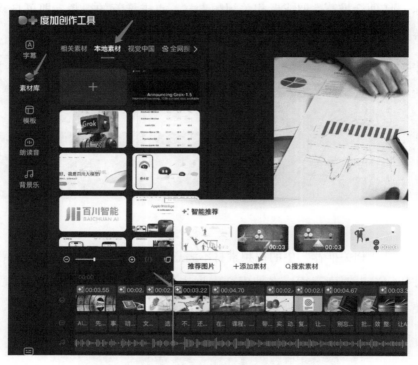

图 7-31　本地上传素材功能

这里可以参考第 3 章中介绍的关于 AI 生成图片和视频的方法，使用 AI 工具生成图片或者视频素材并将其导入到度加创作工具之中。例如，用即梦 AI 生成视频素材，如图 7-32 所示。

将即梦 AI 生成的视频上传到度加创作工具的素材库中，选中下方轨道中需要替换的视频，点击素材库中上传好的视频素材，即可完成视频素材替换，如图 7-33 所示。

图 7-32　用即梦 AI 生成视频素材

图 7-33　替换视频素材

　　替换好视频素材，可以点击轨道上的素材两侧，调节视频的长度，也可以直接用鼠标拖曳来调整视频素材的位置，如图 7-34 所示。

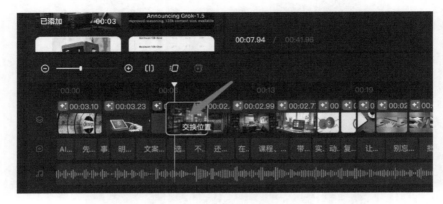

图 7-34　调整视频素材

7.2.4　视频细节优化

1. 调整视频模板和画幅样式

　　点击左边菜单栏"模板"功能选项，可以从"通用""娱乐""科技"等 16 类模板中选择不同风格的模板，如图 7-35 所示。

图 7-35　视频模板

　　除了模板的风格样式，还可以调整视频的画幅比例，有 9 ∶ 16 "竖版" 和 16 ∶ 9 "横版" 两种比例，可以根据需求来选择，如图 7-36 所示。

图 7-36　画幅样式调整

　　点击合适的模板，即可完成视频样式的更换，在右侧的视频预览界面即可看到效果，如图 7-37 所示。

图 7-37　更换模板后的视频效果

注意，如果调整模板为 9∶16 的"竖版"样式，视频的标题文案会在视频画面上方显示。通常标题文案是 AI 根据口播文案内容自动生成的，可以在"字幕"功能页面中修改标题文案，如图 7-38 所示。

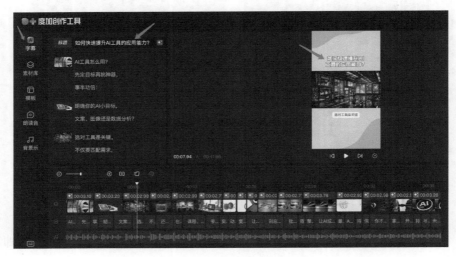

图 7-38　修改视频标题文案

2. 调整旁白朗读声音

点击左边菜单栏"朗读音"功能选项，可以更换口播文案的朗读音，共有 31 种不同风格的 AI 音色可供选择，如图 7-39 所示。

图 7-39　朗读音色选择

鼠标放在对应的朗读音之上，可以试听该音色的效果。点击"推荐朗读音"中的音色模板，即可完成视频中所有口播朗读音的更换。

还可以根据需求调节朗读音的"语速"和"音量"，拉动左上角的调节按钮调节朗读音的语速和音量大小，调节好之后点击右侧视频播放按钮，试听朗读效果，如图 7-40 所示。

图 7-40　设置和试听朗读音色

3. 设置视频背景音乐

使用度加创作工具的"一键成片"功能进入创作界面后，系统会自动匹配背景音乐，如果对背景音乐不满意，可以重新调整和更换。

点击左边菜单栏"背景乐"功能选项，进入背景音乐编辑界面，可以在"推荐背景乐"中选择更换不同风格的背景音乐，试听"推荐背景乐"中的音乐，选择合适的背景乐，点击"使用"按钮即可一键替换背景乐，如图 7-41 所示。

还可以点击"当前背景乐"后面的"："按钮，选择"更换音乐"，进入

"背景乐库"，通过类型来挑选音乐，共有"可循环""纯音乐""知识""温柔"等 12 种音乐类型，如图 7-42 所示。

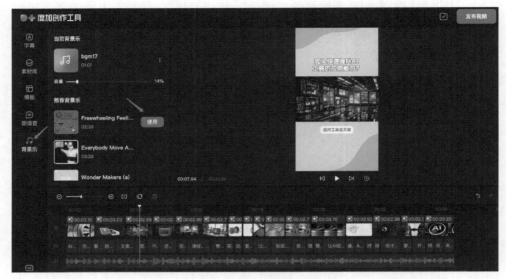

图 7-41　更换背景乐

图 7-42　从背景乐库中选择背景乐

更换好背景乐后，在上方"当前背景乐"中调节"音量"，向左拉动滑轨适当降低音量，让背景乐低于朗读音，如图 7-43 所示。

图 7-43 调节背景乐音量

4. 保存并导出完整版视频

在使用度加创作工具制作视频时，系统会实时自动保存视频，在编辑界面的右上角可以看到当前保存情况，如图 7-44 所示。

图 7-44 视频自动保存

1）视频全部制作完毕后，点击右上角的"发布视频"按钮，在"标题"文本框中修改标题文案，如图 7-45 所示。

图 7-45　修改视频标题

2）将鼠标放在封面处，点击"替换"按钮，从 AI 推荐的封面中选择合适的视频封面，如图 7-46 所示。

图 7-46　更换视频封面

3）设置好封面后，点击左下角的"生成视频"按钮，即可在"我的作品"中看到制作好的视频，如图 7-47 所示，点击"下载"按钮可以将视频保存到本地。

图 7-47　下载视频

附录

主流国产 AI 创作工具

工具名称	功能介绍	网　　址
抖音即梦 AI	即梦 AI（原 Dreamina）是抖音出品的一站式 AI 创作平台，功能包含 AI 作图和 AI 视频两个大类。用户可以通过输入简短的文案来创作出精彩的图片和视频。 　　即梦 AI 的 AI 作图功能，支持"文生图""图生图""智能画布""文生视频""图生视频"和"故事创作"等功能。其中，AI 作图还支持"超高清""细节重绘""局部重绘""扩图""消除笔"等拓展功能。 　　即梦 AI 的 AI 视频功能包含"文本生视频"和"图片生视频"，支持首尾帧设置、运镜控制、运动速度调整、模式切换、视频时长选择和视频比例调节，最高可生成 12 秒时长的视频。 　　目前，即梦 AI 对所有用户免费开放，进入即梦 AI 官网，用手机号或者抖音账号即可注册和登录。用户每天将获得 80 个积分，文生图消耗 1 个积分，图生图消耗 2 个积分，生成 3s 时长的视频消耗 12 个积分，以此类推	https://jimeng.jianying.com

（续）

工具名称	功能介绍	网 址
阿里通义万相	通义万相是阿里云通义大模型旗下的 AI 创意作画平台，用户可以通过对配色、布局、风格等图像设计元素进行拆解和组合，提供高度可控性和极大自由度的图像生成效果。用户可以根据文字内容生成不同风格的图像，或者上传图片后进行创意发散，生成内容、风格相似的 AI 画作。 通义万相的创意作画支持"文本生成图像""相似图像生成"和"图像风格迁移"功能，其中，创意作画还支持"高清作画""局部重绘"和"生成相似图"等拓展功能。通义万相还有一些特色功能，如"虚拟模特""涂鸦作画""写真馆"和"艺术字"，可以轻松制作商品图、草图上色、生成写真照片和艺术字生成。 目前，通义万相对所有用户免费开放，进入通义万相官网使用手机号即可注册登录。用户每天将获得 50 个灵感值，单次生成成功会扣除 1 个灵感值，每日 0 点灵感值会重置	https://tongyi. aliyun. com/wanxiang/
网易天音	网易天音是网易云音乐旗下的一站式 AI 音乐创作工具，它提供了包括词、曲、编、唱、混在内的音乐创作全流程的 AI 创作辅助功能，如 AI 一键写歌、AI 编曲和 AI 作词。 目前，网易天音对所有用户免费开放，进入网易天音官网，使用网易云音乐、微信、QQ、微博和网易邮箱账号均可注册登录	https://tianyin. music. 163. com/
昆仑万维天工 SkyMusic	天工 SkyMusic 是昆仑万维推出的 AI 音乐生成大模型，输入歌曲名称、歌词，选择参考音频即可一键生成歌曲。天工 SkyMusic 是天工 AI "智能工具"中的音乐功能模块，可在天工 AI 官网工具栏中点击"AI 音乐"使用该功能，天工 SkyMusic 支持"AI 写整首""做同款"等功能。 目前，天工 SkyMusic 对所有用户免费开放，进入官网用手机号即可注册和登录。用户每天将获得 30 创作券，每次生成将消耗 10 创作券	https://www. tiangong. cn/

（续）

工 具 名 称	功 能 介 绍	网 址
抖音剪映	剪映是由抖音官方推出的一款视频编辑工具，有移动端（剪映 APP）、专业版（剪映 PC 版）、网页版等多个版本。除了视频剪辑、添加音乐、特效滤镜等基础功能外。剪映还提供了诸如智能字幕、智能剪口播、克隆音色、AI 数字人等 AI 辅助功能。 进入剪映官网下载所需版本，用手机号或者抖音账号即可注册和登录，大部分基础功能都可以免费使用，部分 AI 辅助功能需要购买会员才可使用	https://www.capcut.cn/
百度度加创作工具	度加创作工具是百度出品的 AIGC 创作工具，包含 AI 成片、高光剪辑两大功能，支持热点新闻生成文案、文案一键成片、AI 改写、AI 朗读、AI 润色文案等，有移动端（度加剪辑 APP）、网页端（度加创作工具）两个版本，界面简单、易上手，适合泛知识类创作者使用。 目前，度加创作工具对所有用户免费开放，移动端可在手机应用商店中搜索"度加剪辑"下载 APP，功能与剪映 APP 类似。网页端可进入度加创作工具官网，用手机号或者百度账号即可注册和登录。用户访问网页版每天可领取 100 个积分，生成视频每次消耗 20 个积分	https://aigc.baidu.com/
Kimi	Kimi 是由北京月之暗面科技有限公司（Moonshot AI）开发的人工智能助手，它依托先进的自然语言处理技术，提供信息搜索、文件阅读、资料整理、内容创作和编程辅助等服务	https://kimi.moonshot.cn/

后　记

在本书即将出版之际，我深感欣慰与激动。回顾整个创作过程，从最初的构思到最终的定稿，充满了挑战与机遇。在写作过程中，我不仅全面了解了 AI 辅助生成内容的方方面面，还不断调整和优化内容，以确保这本书足够通俗易懂，并且能够真正服务于读者。本书将理论和技巧通过不同类型案例的方式展现，灵活地将多种类型的 AI 工具综合运用起来，避免思维的局限性，进而将 AI 辅助创作真正应用到实际生活和工作场景之中。

在 AI 工具的使用上，书中使用的 AI 工具均为国内通用的软件，目的就是降低使用门槛，能够让任何一个没有基础的创作者都能轻松掌握 AI 辅助创作的方法，人人都能用上、用好 AI 工具。

AI 工具在不断地迭代更新，新功能和新玩法层出不穷。这本书中介绍的工具和技术可能会随着时间的推移有所变化，但读者不必担心，只要掌握了书中介绍的技巧、思路与应用方法，便能够快速适应新功能和新工具带来的变化。

本书力求提供通用性的技巧和思维上的启发，帮助读者面对不断更新迭代的 AI 工具，仍然能够灵活地应用所学知识去运用它们辅助创作。

希望这本书能够成为广大读者探索和利用 AI 工具的得力助手，帮助他们在创作和工作中实现更多的可能性。希望读者朋友们能够从书中获得启发，将所学知识运用到实际中，不断创新，创造出惊艳的作品。

王　早

2024 年 9 月